The New Encyclopedia of
AQUATIC LIFE

海の動物百科 ①　……大隅清治【監訳】

哺乳類
Aquatic Mammals

大隅清治　内田詮三
【訳】

朝倉書店

THE NEW ENCYCLOPEDIA OF
AQUATIC LIFE

edited by Andrew Campbell and John Dawes

©2004 The Brown Reference Group plc.

The Brown Reference Group plc. (incorporating Andromeda Oxford Ltd),
8 Chapel Place, Rivington Street, London EC2A 3DQ, England.

Japanese translation rights arranged with Brown Reference Group plc., London through Tuttle-Mori Agency, Inc., Tokyo.

Picture Credits*

Prelims Vol 1 : OSF : Daniel Cox ii ; Prelims Vol 2 : Doug Perrine : ii

AKG-images : ① 12tl ; Ardea : ③ 119, Kurt Amsler ② 105, Kev Deacon ③ 106-7, Jean-Paul Ferrero ③ 51, Francois Gohier ① 3b, ① 6, ① 8, ① 15t, ① 20t, ① 40, ① 42b, t, ① 43, ① 45, ① 54, ① 68tl, JM Labat ② 113, Ken Lucas ③ 32b, ③ 82, ② 86-7, P. Morris ② 20-1, ② 24-5, D.Parer & E.Parer-Cook ① 10t, Mark Spencer ② 122, Ron & Valerie Taylor ② 121b 29, ② 121b, Ron Taylor ② 139t, Ron & Valerie Taylor ① 36-7 ; Alissa Arp/San Francisco State University : ③ 110 ; Beverly Factor : ③ 21 ; Biophotos Associates : ③ 115 ; Bodleian Library : ① 12b ; Bruce Coleman Collection : Franco Banfi ② 71b, Bruce Coleman Inc. ① 64, Jeff Foott ① 30, ① 33b, ① 47, ① 55, Sven Halling ③ 42, Malcolm Hey ③ 35, ② 104t, C & S Hood ② 120, Pacific Stock ③ 4/5, ③ 94-5, ① 53, Kim Taylor ② 112c, ① 48 ; Coral Reef Research Institute : ③ 38 ; Corbis : Hal Beral ③ 46, Lester V. Bergman ③ 17, Jonathan Blair ② 5, Brandeon D. Cole ③ 57, Roger Garwood & Trish Ainslie ① 73, Historical Picture Archive ① 70b, Mimmo Jodice ② 8/9, Jeffrey L. Rotman ② 15, Galen Rowell ① 59c, Stuart Westmorland ③ 78 ; Corbis Sygma : Thierry Prat ③ 63 ; Dr. G. L. Baron : ③ 71b ; Mark Erdmann : ② 133c ; Robert Harding Picture Library : ① 25b/t, ① 27, Adam Woolfitt ① 13, Frank Lane Picture Library : F. Bavendam/Minden Pictures ③ 101, Brake/Sunset ① 10b, Susan Dewinsky ① 109, Foto Natura Stock ② 84-5, ① 72, W.T. Miller ③ 82 insert, Flip Nicklin/Minden Pictures ③ 47b ; John Lythgoe : ① 99 ; Imagequestmarine.com : ② 2t, Peter Herring ② 50, ② 64-5, ② 68t, ② 68b, ② 69t ; National Maritime Museum San Francisco : ① 42tr ; Natural Visions : Peter David ② 99, Heather Angel ③ 67 ; Nature Picture Library : Dan Burton ② 42-3, Brandon Cole ② 2b, ② 12b, Georgette Douwma ③ 32c, ② 104b, ② 116-7, ② 119t, ① 71b, Jeff Foott ② 101, Jurgen Freund ② 22, 282t, David Hall ② 144-5, Alan James ② 61, Reijo Juurinen ② 16-7, Avi Klapfer & Jeff Rotamn ② 114-5, ② 141, ① 3t, Conrad Maufe ② 135c, John Downer Productions ② 12bl, Fabio Liverani ② 49, ② 12t, Armin Maywald ① 16t, Naturbild ② 47, Pete Oxford ① 23, ① 67r, Doug Perrine ① 17b, ① 58t, ① 65b, Michael Pitts ② 6b, ③ 141, Jeff Rotman ② 116, ② 135b, ② 138-9, ② 142b, ② 143, John Sparks ② 13, Sinclair Stammers ③ 70, Doc White ① 31, ① 33t ; NHPA : A.N.T ② 55b, ANT Photo Library ② 126, ② 149, Pete Atkinson ③ 34, ③ 56b, Anthony Bannister ③ 56t, Bill Coster ② 64, David Currey ① 60, Daniel Heuclin ② 123, Image Quest 3D ③ 37b, Scott Johnson ③ 95t, B. Jones & M. Shimlock ③ 32t, ③ 33, ③ 65, ③ 72, ③ 108, ③ 138/9, ③ 140, ② 71t, Rich Kirchner ① 61, Lutra ② 48-9, ② 80-1, Trevor McDonald ③ 23t, ③ 58b, ② 146-7, ① 71t, Haroldo Palo Jr. ① 65t, Ashod Francis Papazian ② 125, Peter Parks ③ 11, ③ 121t, Dr. Eckart Pott ① 16b, Tom & Theresa Stack ③ 28t, MI Walker ③ 25, Dave Watts ① 20b, Nobert Wu ③ 28b, ③ 37t, ② 98, ② 111, ② 124-5, ① 9b, ① 11, ① 67l ; Oxford Scientific Films : ③ 3, ③ 4, ③ 10, ③ 12/13, ③ 20, ③ 39, ③ 74-75, ③ 111b, ③ 117t, ③ 132/3, ② 20, ② 35, ② 38, ② 56t, Doug Allan ② 90, ① 15b, Kathie Atkinson ③ 52b, ③ 84, ③ 104, ③ 137t, Tobias Bernhard ③ 86/7, ③ 128b, ② 119b, ② 134-5, Waina Cheng ③ 8, Daniel J. Cox ① 51, Paulo De Oliveira ② 30, ② 41, ② 139b, Mark Deeble & Victoria Stone ③ 83b, Dr. F. Ehrenstrom & L. Beyer ③ 121b, ② 80t, ② 93, ② 95b, David Fleetham ③ 2, ③ 9, ③ 50b, ③ 52t, ③ 79, ③ 83t, ③ 90/1, ③ 123, ② 34, ② 36, ② 70, ② 107b, ② 121t, ② 138b, Stephen Foote ③ 117b, Jeff Foote/Okapia ② 62c, ② 63t, ② 63b, David Fox ③ 60b, Gary Gaugler ③ 77, Max Gibbs ② 36/7, Lawrence Gould ② 37, Karen Gowlett-Holmes ③ 7, ③ 23b, ③ 24, ③ 27, ③ 86t, ③ 92, ③ 94t, ③ 102, ③ 103, ③ 118-9, ③ 126-7, ③ 126b, ③ 126l, ③ 128/9, ③ 134/5, ③ 134b, ③ 118, Green Cape PTY Ltd ③ 50t, Howard Hall ③ 48/9, ② 27, ① 67, Mark Hamblin ③ 47t, Richard Hermann ③ 98/9, ③ 100, ③ 122, Frank Huber ② 62b, Rodger Jackman ③ 128t, ② 31, Paul Kay ③ 30/1, ③ 130b, Breck P. Kent ② 46, Richard Kirby ③ 60t, Rudie Kuiter ③ 85, ③ 96/7, ③ 101t, ③ 131, ② 54, ② 55t, ② 73, Zig Leszczynski ② 40, Alastair MacEwen ③ 18/9, Victoria A. McCornick ② 58/9, Prof H. Melhhorn/Okapia ③ 75, Colin Milikins ③ 48, ③ 54/5, ② 26, Patrick Morris ② 51, Tammy Peluso ③ 130t, Michael Pitts ② 32/3, Rick Price/Survival Anglia ① 58-9, Science Pictures Ltd ② 56b, Sue Scott ② 58, ② 91, Frithjof Skibbe ③ 87, Gerard Soury ③ 85b, ② 134, ② 148, Survival Anglia, Harold Taylor ③ 58t, ③ 92/3, Konrad Wothe ③ 6t, Norbert Wu ③ 94/5, ② 14, ② 112t ; PA Photos : EPA ② 10 ; Photomax : Max Gibbs ② 64, ② 74, ② 76/7, ② 80b, ② 84, ② 92, ② 95t, ② 100, ② 101b, ② 112b, ② 128 ; Planet Earth Pictures : Pieter Folkens ① 38b, ① 44, James Hudnall ① 7, Douglas David Seifert ① 46b ; Premaphotos Wildlife : Ken Preston-Mafham ③ 41t, ③ 68, ③ 105, Dr. Rod Preston-Mafham ③ 134t ; SAIAB : ② 132c, ② 132b ; Science Photo Library : ② 133t, Martin Dohrn ③ 111t, Eye of Science ③ 16, ③ 69, Claude Nuridsany & Marie Perennou ② 131, David Scharf ③ 71t, Andrew Syred ③ 40, ① 9t, John Walsh ③ 112 ; Sea Mammal Research Unit : ① 38-9 ; Seapics : Shedd Aquar/Ceisel ② 69b, Doug Perrine ① 2, ① 66, ① 68-9 ; Sea Watch Foundation : ① 52c, Bernd Würsig ① 21, Still Pictures : Roland Birke ③ 14/15, Mark Cawadine ① 14 ; Welcome Trust Medical Photographic Library : Graham Budd ③ 137b.

Diagrams by : Martin Anderson, Simon Driver

All artwork © The Brown Reference Group plc.

While every effort has been made to trace the copyright holders of illustrations reproduced in this book, the publishers will be pleased to rectify any omissions or inaccuracies.

*①は第1巻『哺乳類』、②は第2・第3巻『魚類Ⅰ・Ⅱ』、③は第4・第5巻『無脊椎動物Ⅰ・Ⅱ』、数字は日本語版各巻のページ数を意味する．ページ数の後に付した記号はそれぞれ，t＝上，b＝下，c＝中央，r＝右，tr＝右上，l＝左，tl＝左上，bl＝左下，insert＝挿入図の意．

監訳者序

　哺乳類は，進化の過程で優れた知能と運動能力を獲得した結果，陸上はもとより，樹上，空中，地下，そして水中と，地球のあらゆる環境に適応放散して生活している．その中で，地球の4分の3の面積を占める水環境の中で一生を過ごす哺乳類は，水圏生態系の重要な構成員として存在している．それにもかかわらず，陸上に生活している多くの人々にとって水生哺乳類は，長い間遠い存在であった．

　しかしながら，第二次世界大戦後の急速な社会開発によって，自然破壊の進行が種々の場で顕在化し，1960年代から水生哺乳類の保護運動が世界的に勃興した．また，国際捕鯨委員会（IWC）が1982年に商業捕鯨のモラトリアム（一時中止）を決定して，捕鯨問題が大きく注目された．それらの現象とともに，水生哺乳類への人々の関心が世界的に高まっている．

　それに伴って，それらの社会問題を解決すべく，致死的・非致死的な新たな手法による水生哺乳類の調査研究が急速に発展し，その結果として，それまで厚いベールに包まれていた水生哺乳類に関する興味ある新知見が急速に明らかにされてきた．

　本書はそのようにして蓄積された水生動物に関する新知見に基づいて，2004年に英国において改訂出版された"The New Encyclopedia of Aquatic Life"の日本語版である．原著は無脊椎動物，魚類，水生哺乳類を含む，2冊で構成されているが，日本語版では読者の利便のために，水生哺乳類の部分だけをまとめて，5分冊の中の1冊とした．

　主として海に生活しているので海獣類ともいわれる水生哺乳類の中には，シロナガスクジラやシャチの属するクジラ目から，ジュゴンやマナティーの属する海牛目，セイウチやアゴヒゲアザラシの属する鰭脚目，そしてラッコやホッキョクグマの属する食肉目までが含まれる．そして，幅広い多数の水生哺乳類が，極から熱帯までの水環境に広く存在する．本書ではその中で，陸の環境への依存を断ち切って一生を水中で送る，完全水生哺乳類であるクジラ目と海牛目だけに絞って記述し，未だに陸や氷の上の環境を生活の場から切り離せないでいる鰭脚目と食肉目は除かれている．

　本書の原著は英国の出版社から英語で出された本であるので，寄稿者は，英国と米国を主とする，英語を母国語とする人にほぼ限られている．しかし，いずれの著者も水生哺乳類のそれぞれの専門分野で優れた業績を上げている研究者であるので，記述の内容には最新の水準の高い知識がふんだんに盛り込まれていて，教科書としてばかりでなく，読み物としてもとても興味深い．充実した本文もさることながら，大判であるので迫力があり，珍しい写真や，美しく説得力のある図が随所に盛り込まれていて，図鑑としても見応えがあり，役に立つ．この点も，本書の優れた特徴であり，それゆえに本書を強く推薦する次第である．

　立派な原著の監訳者として小生が指名されたのは大変に光栄である．小生はクジラ目の部分の訳出を分担し，海牛目には門外漢であるので，正確を期するため，この部分については，専門家である沖縄美ら海水族館の内田詮三館長にお願いし，ご多忙の中を快くお引き受けいただいたことをありがたく思っている．

　本書は訳本であるので，原著の内容を忠実に日本語にすることを心掛けたが，直訳すると日本語としては意味の通じがたい部分については意訳した．そのために，原文の英語としての真の意味が失われたことを許されたい．また，原著者と訳者の間に見解を異にする部分がいくつか見受けられたが，それらは原著者の考えをそのままにして，反論することは避けた．しかし，明らかに記述が間違っていたり，最近の研究によって新たに加わったり，変更された内容については，読者の利便のために「訳注」を付けたり記述を改めたことをお断りする．

　原著は欧米人によって書かれた関係で，日本に関係する記述が少ない．この点に関しては，読者としては不満があるかもしれない．四面を海に囲まれ，南北に長い列島国である日本では，世界のクジラ目の半数近くの種類が分布し，海牛目としてジュゴンも存在しており，われわれは有史以前からそれらの海獣類を利用してきた．それゆえに日本では，捕鯨再開は大きな社会問題である．商業捕鯨の禁止以後も南極海と北西太平洋で実施している鯨類捕獲調査の結果，多くの興味ある知見が蓄積されつつある．また，水生哺乳類を飼育・展示している動物園・水族館は日本に多く，ホエールウォッチングや野生のイルカと一緒に泳ぐ楽しみ方も盛んであり，最近の頻発するクジラやイルカの座礁や混獲，船とクジラとの衝突事故などにも，人々が関心を寄せている．さらに，沖縄の米軍基地の移転とジュゴンの保護の問題も心配事である．しかし，それらの内容を補って記述するには，かなりの紙面を必要とし，訳本としてはふさわしくないので，その点については，日本で最近出版されている水生哺乳類関係の多くの別書を参考にされたい．

　最後に，本書の訳出に当たって，不勉強と不注意ゆえに犯した多くの訳文の間違いを指摘し，訂正して下さり，その上に原著に負けずに立派な日本語版を編集された，朝倉書店編集部の方々のご努力に対して，深甚の感謝と敬意を表する．

　2006年10月

第1巻監訳者　大　隅　清　治

はじめに

　地球上の生物は，40億年ほど前の原始の海で誕生した．その後，地球の約4分の3を占める水中で進化を続け，微小な単細胞動物から巨大なダイオウイカやおそろしいサメまで，また，美しく繊細なイソギンチャクやサンゴ，カイメンからアンコウをはじめとする異様な深海の住人たちまで，多様な水生動物を生み出した．

　このシリーズ〈海の動物百科〉の目標は，隠された水中の世界とそこに生息する動物たちの複雑で多様な生活ぶりの秘密を明らかにして読者に提供することである．このシリーズでは顕微鏡的な動物から巨大動物までを扱っている．第1巻は水生哺乳類を扱い，第2・第3巻は魚類を，第4・第5巻では水生無脊椎動物を取り上げている．

　水生哺乳類としては，海の生活に適応している，全く類縁関係のない2つの目，すなわちクジラとイルカ（クジラ目）と，ジュゴンとマナティー（海牛目）について概説する．遠くからみると，水生哺乳類は一様に魚雷型をしているので，それぞれの種の特徴がわからない．水生哺乳類は，よく見かける陸上のいくつかの哺乳類よりも形態的な個性がない動物であるから，このような錯覚が生じるのかもしれない．しかし，よく研究すると，この錯覚は払い除けられ，クジラやイルカの生態が生き生きと浮かび上がってくる．そして，そうする中で，海の食物連鎖の微妙さや脆さや，巨大な生物が微小な生物に依存して生活していることが，はっきりとみえてくる．

　2万4000種以上も知られている魚類は冷たい暗黒の深海からアンデス山脈の高地にある湖に至るまで，また，陸上では泥中，地下，大気にさらされる生息場所，さらに樹上など，あらゆる場所に見出される．また，発光する魚や体が透明な魚，発電する魚などもいる．体の大きさは実にさまざまで，十分に成長しても全長9mmにしかならないものから全長12.5mに達するものもいる．一部の種では個体数が無数といってもよい数千万にもなるのに対して，他の種ではほんの一握りの少数の個体が生き残っているにすぎない．

　魚類の分類については，魚類学者間で大きな議論が続いている．無脊椎動物と同様に，DNAによる研究は魚類の類縁関係に関するわれわれの理解を根本的に変えている．Joseph S. Nelsonの権威ある著書『世界の魚類』（第3版，1994）の体系が広く受け入れられているが，われわれは個々の著者が好む分類体系に基づいて解説をまとめるようにした．注意深く編集されたウェブサイトFishBASE（www.fishbase.org）は，英語の一般魚種名を提供するばかりでなく，多くの点で本書の編集者や著者にとって大いに役立った．

　水生無脊椎動物とは，海，淡水や陸上の湿地などに生息する無脊椎動物である．これらの動物の中には，体内が水生の環境になっている宿主に生息する多くの寄生動物も含まれる．無脊椎動物という用語は，骨性や軟骨性の背骨をもたないことを表している．

　無脊椎動物は，ほとんど水中での生活者であるが，一部の陸生のグループを含んでいる．たとえば，環形動物は主に海生であるが，ミミズは土中で生活するし，ナメクジとカタツムリは主に水生の軟体動物の陸生型であるが，記述の統一性のためにここで論じた．形態と生理・生態の多様性は途方もない──サケとゾウは無脊椎動物の各門で見かけ上類縁のありそうな多数の種同士よりも多くの共通性をもっている．

　われわれの日常生活でよく目立つ鳥や哺乳類は，研究上の一般的な課題になり，また愛好家の興味をそそる．これに対して，水生無脊椎動物は何も関係がないと，一部の人たちによってみられているかもしれない．しかし，それは全く事実に反することである．単なる美しさだけからみても，珪藻類やイソギンチャクの顕微鏡的構造を容易に超えられるものではない．人間にとって破壊的な病気になるマラリアやビルハルツ住血吸虫病を起こす重要な動物もいる．複雑な構造と知能をもつイカとタコは水界を支配する優れた技術と行動をもち，ほとんど魚類と同等の域に達している．

　分子解析は，無脊椎動物の分類系統の大がかりな改訂をもたらした．本シリーズでは，最新の発見を取り入れるように努力している．しかしながら，ある章では単に便宜上の理由から同じ章にまとめた動物群もあり，これはそこで述べられる異なったグループ間の分類上の類縁関係の近さを提示するものではない．

　本シリーズの内容は，形態，生態，分布，食性，生殖などについての一般的な記述と，特定の動物群の保護に関する記述などから構成されている．これらの内容は，水生哺乳類では科，魚類では目，無脊椎動物では門のレベルで扱われている．おのおのの記述は，主要な生物データをまとめたパネルを一体化させている．読者があまり知らないと思われる動物には，よくわかるように模式図を取り入れている．大きなグループでは，この情報を別な表にまとめてある．特別な関心がもたれるマラリアの生活史，サケの産卵のための遡上やジュゴンの食性など，重要な個々の問題については詳細に記述した．

　模式図だけでなく，世界で最も優れた野生生物画家による多くの生き生きとした生態のカラーイラストが用いられている（魚の大きさは非常に幅広いので図版に大きさを表すことはできない）．さまざまな写真家のカラー写真は素晴らしく，本文やイラストを引き立てている．

　われわれはBanisterとCampbellによる1985年の初版の内容を更新した執筆者に大きな恩恵を受けている．

1999年に残念ながら死去したKeith Banisterはこのたび執筆者に加わることができなかった．本シリーズの出版に際して努力された，デザイン，編集，出版社のチームに対して感謝の意を表する．

　本シリーズで取り上げたような海洋，湖，川の生き物のもろさに読者が気づく助けになり，彼らを緊急に保護する必要性があることを知ってもらえれば，それがこの仕事の大きな報酬になる．

Andrew Campbell
ロンドン大学クィーンメアリーカレッジ

John Dawes
スペイン・マニルバ

■ 編集者

Andrew Campbell	ロンドン大学クィーンメアリーカレッジ（イングランド・英国）
John Dawes	マニルバ（マラガ・スペイン）

■ 第1巻顧問編集者

W. Nigel Bonner	英国南極調査所（ケンブリッジ，イングランド・英国）
John Harwood	セントアンドリュース大学ガッティ海洋研究所（スコットランド・英国）
Bernd Würsig	テキサス農工大学大学根拠地（テキサス・米国）

■ 第1巻執筆者

AM	Tony Martin	NERC 海獣類調査所（スコットランド・英国）
AT	Andrew Taber	野生生物保護協会（ニューヨーク・米国）
BW	Bernd Würsig	テキサス農工大学大学根拠地（テキサス・米国）
CG	John Craighead George	ノーススロープボロウ野生生物管理局（アラスカ・米国）
CL	Christina Lockyer	英国南極調査所（ケンブリッジ，イングランド・英国）
DEG	David E. Gaskin	ゲルフ大学（カナダ）
DPD	Daryl Domning	ハワード大学（ワシントンDC・米国）
GBR	Galen B. Rathbun	カリフォルニア科学アカデミー（カンブリア，カリフォルニア・米国）
HM	Helene Marsh	ジェイムスクック大学（豪州）
HW	Hal Whitehead	ダルハウジー大学（カナダ）
JD	Jim Darling	西岸鯨類調査所（フェアバンクス，アラスカ・米国）
JG	Jonathan Gordon	オックスフォード大学（イングランド・英国）
JMP	Jane M. Packard	フロリダ大学（ゲインズビル，フロリダ・米国）
LW	Lindy Weilgart	ダルハウジー大学（カナダ）
PB	Paul Brodie	ベッドフォード海洋研究所（ダートマス，ノバスコシア・カナダ）
PGHE	Peter G. H. Evans	オックスフォード大学（イングランド・英国）
PLT	Peter L. Tyack	北東区漁業科学センター（ウッズホール，マサチューセッツ・米国）
PKA	Paul K. Anderson	カルガリー大学（カナダ）
RB	Robin Best	国立アマゾン河調査研究所（ブラジル）
RG	Ray Gambell	国際捕鯨委員会（イングランド・英国）
RR	Randall Reeves	ケベック大学（カナダ）
RSW	Randall S. Wells	モスランデング海洋調査所（カリフォルニア・米国）
SDK	Scott D. Kraus	ニューイングランド水族館（ボストン，マサチューセッツ・米国）
VP	Vassili Papastavrou	ブリストル大学（イングランド・英国）

■ 第1巻訳者（*監訳者）

大隅清治*	（財）日本鯨類研究所・顧問
内田詮三	（財）海洋博覧会記念公園管理財団・常務理事／沖縄美ら海水族館・館長

第1巻目次

クジラとイルカ —— 2
  イルカ類　16
    しゃれた身なりのハシナガイルカ　21
    イルカの1日　25
    イルカはいかにして互いの接触を保つか　26
  カワイルカ類　28
  シロイルカとイッカク　30
  マッコウクジラ類　34
  コククジラ　40
  ナガスクジラ類　46
    歌を歌うクジラについての新たな光　52
  セミクジラ類　54
    捕鯨から観鯨へ　60

ジュゴンとマナティ —— 62
  海中草地で草を食む　72

用語解説 —— 74

索引 —— 76

他巻目次

第2巻　魚類Ⅰ
魚とは何か？／ヤツメウナギ類とヌタウナギ類／チョウザメ類とヘラチョウザメ類／ガー類とアミア／イセゴイ類・ソトイワシ類・ウナギ類／ニシン類とカタクチイワシ類／オステオグロッスム類とその仲間／カワカマス・サケ・ニギスとその仲間／エソ類とハダカイワシ類

第3巻　魚類Ⅱ
カラシン類・ナマズ類・コイ類とその仲間／タラ類・アンコウ類とその仲間／トウゴロウイワシ・カダヤシ・メダカの仲間／スズキ型魚類／ヒラメ・カレイ類／モンガラカワハギ類とその仲間／タツノオトシゴ類とその仲間／その他の棘鰭類／リュウグウノツカイ類とその仲間／ポリプテルス類・シーラカンス類・ハイギョ類／サメ類／エイ類とノコギリエイ類／ギンザメ類

第4巻　無脊椎動物Ⅰ
水生無脊椎動物とは何か？／原生生物／カイメン類／イソギンチャク類とクラゲ類／顎口類・無腸類・イタチムシ類・ヤムシ類／クマムシ類／カギムシ類／カニ類・ロブスター類・コエビ類とその仲間／その他の甲殻類／カブトガニ類／ウミグモ類／エラヒキムシ類・トゲカワムシ類・コウラムシ類・ハリガネムシ類／線虫類／扁形動物とヒモムシ類

第5巻　無脊椎動物Ⅱ
軟体動物／ホシムシ類／ユムシ類／環形動物／ワムシ類／鉤頭虫類／内肛動物／ホウキムシ類／コケムシ類／腕足類／棘皮動物／ギボシムシ類とその仲間／ホヤ類とナメクジウオ類

略　語

(1) 保護の状態

国際自然保護連合（IUCN）による絶滅のおそれのある野生生物のリスト（通称「レッドリスト」）の評価基準に基づき，日本でも独自のレッドデータブック，レッドリストが作成されている．各カテゴリーの呼称は次表のとおり．本訳では，WWF の呼称で統一した．

IUCN のカテゴリー	略語	WWF の呼称	環境省の呼称
Extinct	Ex	絶滅種	絶滅
Extinct in the wild	EW	野性絶滅種	野性絶滅
▼ Threatened		絶滅危機種	絶滅危惧
・Critically Endangered	Cr	近絶滅種	絶滅危惧 IA 類
・Endangered	En	絶滅危惧種	絶滅危惧 IB 類
・Vulnerable	Vu	危急種	絶滅危惧 II 類
▼ Lower Risk	LR	準危急種	
・Conservation Dependent	cd	保護依存種	（カテゴリーを設けず）
・Near Threatened	nt	近危急種	準絶滅危惧種
◆ Data Deficient	DD	情報不足種	情報不足

(2) その他

HTL：頭尾直線体長
WT：体重

第1巻参考文献

入手の便のために，原著に掲載されている原本をそのまま記載し，参考のため，題名を訳して［　］内に付した．

Baker, M. L. (1987) *Whales, Dolphins and Porpoises of the World*. Garden City, New York. ［世界のクジラとイルカ］

Banister, K, and Campbell, A. (eds.) (1985) *The Encyclopedia of Underwater Life*. George Allen & Unwin. ［水中生物百科事典］

Betra, A. and Sumich, J. L. (1999) *Marine Mammals : Evolutionary Biology*. Academic Press, London. ［海獣類：その進化生物学］

Bonner, W. N. and Berry, R. J. (eds.) (1981) *Ecology in the Antarctic*. Academic Press, London. ［南極海の生態学］

Boyd, I. L. (ed.) (1979) *Marine Mammals : Advances in Behavioural and Population Biology*. Oxford University Press, Oxford. ［海獣類：習性と個体群の生物学］

Bryden, M. M., Marsh, H. and Shaughnessy, P. (1999) *Dugongs, Whales, Dolphins, and Seals : A Guide to the Sea Mammals of Australia*. Allen & Unwin, Sydney. ［ジュゴン・クジラ・イルカ・アザラシ：オーストラリア産海獣類の案内］

Carwardine, M. (1998) *Whales and Dolphins*. HarperCollins, New York. ［クジラとイルカ］

Carwardine, M. and Harrison, P. and Bryden, M. (eds.) (1999) *Whales, Dolphins and Porpoises*. (2nd edition). Checkmark Books, New York. ［クジラとイルカ（第二版）］

Evans, P. G. H. (1987) *The Natural History of Whales and Dolphins*. Christopher Helm, London. ［クジラとイルカの自然史］

Fontaine, P. -H. (1998) *Whales of the North Atlantic : Biology and Ecology*. Editions MultiMondes, Sainte-Foy, Quebec. ［北大西洋産クジラ類：その生物学と生態学］

Gaskin, D. E. (1982) *Whales, Dolphins and Seals*. Heinemann Educational Books, London. ［クジラ・イルカ・アザラシ］

Harrison Matthews, L. (1978) *The Natural History of the Whale*. Weidenfeld & Nicolson, London. ［クジラの自然史］

Herman, L. M. (1980) *Cetacean Behavior : Mechanisms and Functions*. John Wiley & Sons, Chichester. ［クジラの習性：その仕組みと機能］

Mann, J., Connor, R. C. and Whitehead, H. (1999) *Cetacean Societies : Field Studies of Dolphins and Whales*. Chicago University Press, Chicago. ［クジラ類の社会：イルカとクジラの野外研究］

National Audubon Field Guide to North American Fishes, Whales, and Dolphins (1983) Alfred A. Knopf, New York. ［国立オウズボン版北アメリカのサカナ・クジラ・イルカの野外案内］

Owen, W. (1999) *Whales, Dolphins and Porpoises*. Checkmark Books, New York. ［クジラとイルカ］

Pryor, K. and Norris, K. S. (1998) *Dolphin Societies : Discoveries and Puzzles*. University of California Press, Berkeley. ［イルカの社会：その発見と謎］

Reynolds, J. E. and Rommel, S. A. (1999) *Biology of Marine Mammals*. Smithsonian Institution Press, Washington, D. C. ［海獣類の生物学］

Reynolds, J. E. (2000) *The Bottlenose Dolphin : Biology and Conservation*. Florida University Press, Gainesville. ［バンドウイルカ：その生物学と保護］

Rice, D. W. (1998) *Marine Mammals of the World : Systematics and Distribution*. Allen Press, Lawrence, Kansas. ［世界の海獣類：その分類と分布］

Ridgeway, S. W. and Harrison, R. J. (eds.) (1981-1998) *The Handbook of Marine Mammals : Vols. I-VI*. ［海獣類便覧，I〜VI巻］

Ripple, J. and Perrine, D. (1999) *Manatees and Dugongs of the World*. Voyageur Press, Stillwater, Maine. ［世界のマナティーとジュゴン］

Watson, L. (1981) *Sea Guide to Whales of the World*. Hutchinson, London. ［世界におけるクジラの海での案内］

Würsig, B., Jefferson, T. A. and Schmidly, D. J. (2000) *The Marine Mammals of the Gulf of Mexico*. Texas A & M University Press, College Station. ［メキシコ湾の海獣類］

哺乳類

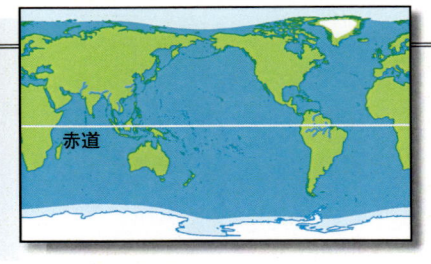

赤道

クジラとイルカ
WHALES & DOLPHINS

　哺乳類は陸上で進化したので，多くの人たちは未だに，そのすべてが陸上動物だと思っている．しかし，地球の表面の3分の2以上は水で覆われているのだから，哺乳類の中には進化の過程で水の環境に生活の場を広げたものもいるに違いない，と考えても驚くことはない．クジラとイルカはそのようにして水の環境に適応し，もはや陸上では生活できないまでに進化した．そして，水の大きな浮力に支えられて，クジラは地球最大の現在の大きさにまで達することができた．

　水の環境に適応することで，クジラやイルカはサカナのような形になった．そして，彼らが——偉大なスウェーデンの生物学者カルロス・リンネのおかげで——哺乳類として認められたのは，ようやく1758年になってからのことである．そして，彼らが適応によって一生を海洋で過ごすことができたということが知られるようになるまでには，さらにもっと長い時間がかかった．世界中の海を回遊し，1500m（マッコウクジラの場合には3000mにもなる）の深さまで潜水して餌を食べているクジラを研究することが，陸上で生活する人間にとって，これまで難しかったことは無理もない．しかしながら，進歩した技術——反対にクジラにとっては敵となる技術——の助けによって，われわれは今では彼らの生活の条件や複雑性を理解するようになっている．

　実際に，クジラは哺乳類としての種々の特性によって，サカナとはっきり区別できる．クジラは温血動物であり，肺で空気を呼吸し，母親が分泌する乳を吸う子供を産む．大部分の陸上哺乳類と違って，クジラは体温を保つための毛皮をもたない．毛皮は水中で生活するために獲得した体の流線型を保つのに妨げになるからである［訳注：原著者の誤り．毛皮はその間に熱伝導率の低い空気の層をつくって体温を遮断する役目をするのだが，水中では軽い空気が毛の間から抜けて，その役目をしなくなったので退化した］．3つの海獣類の目——クジラとイルカが属するクジラ目（Cetacea）のほかに，鰭脚目（Pinnipedia：アザラシ類，アシカ類，セイウチなど）と海牛目（Sirenia：ジュゴンとマナティー）——［訳注：ほかに，ラッコ，カワウソなどが属する食肉目（Carnivora）も海獣類に入る］の中で，水中生活に最も特化したのがクジラ目である．鰭脚目は繁殖のためには，陸か氷の上に戻らなければならない．

　クジラ目の半数の種類は，小型のイルカである．イルカは，クジラ目85種［訳注：分類学者によって種数に対する見解が若干異なる］のうちで72種を占める，歯のある，ハクジラ亜目（Odontoceti）に属する．ハクジラの仲間は主としてサカナとイカを食べる．彼らはそれらの餌生物を追い掛けて，顎に並んだ多数の歯で捕える．一方，大部分の大型のクジラは，ヒゲクジラ亜目（Mysticeti）に属する．彼らの場合は歯の代わりに，くじらひげ板という角質の板が口蓋の左右に多数並び，それを使って浮遊性の生物，それより大きい無脊椎動物，群集性の小型のサカナなどを海水から濾し取って食べる．

■ 体型，遊泳，潜水
形態と生理

　これまで地球上に生息していた動物の中で，最大の種類はシロナガスクジラである．この種類は体長24～27m，体重130～150tに達し，その体重は最大の陸上哺乳類であるゾウの33頭分に相当する．このような巨大な体は，水によってのみ支えることができる．陸上では，大きな哺乳類は大きな足を必要とするので，動きが大きく制約される．乱獲によってその資源量は激しく減少しているが，シロナガスクジラは現在も生息している．

　クジラやイルカは，体が大きいにもかかわらず，動きは敏捷であり，流線型の体は，水中で速く遊泳するのに理想的に適応している．頭は他の哺乳類に比して前に伸びており，はっきりした首や肩が

クジラとイルカ

○左　紅海で餌を食べるために潜水したバンドウイルカの母子．このイルカは早く複雑な芸を覚えることができ，利口な動物と思われているので，水族館でしばしばみられる．野生のバンドウイルカが，尾を使ってサカナを岸まで跳ね上げるのをみたという人もいる．

なく，頭が胴体に自然につながる．ナガスクジラ類やカワイルカ類，シロイルカなどは7つの頸椎骨が離れていて，頭を振ることができるが，他のクジラの種類の頸椎骨は2～7個が癒合している．

クジラの骨格は，彼らの祖先がかつては4本足をもった陸上の哺乳類であった証拠を依然として残しているが，後ろ足は今では体の外からは完全に消えている．実際に，突出した体の部分は泳ぎの邪魔となった．耳朶はなくなって，聴覚器官につながる小さな耳の穴［訳注：外耳道は脂皮の部分で塞がっている］があるにすぎない．雄の陰茎は必要なとき以外は完全に腹腔の中に隠れており，雌の乳首は生殖器の両側の溝に納まっている．体の突出部分は1対の胸鰭と，骨がなく，硬い結締組織でできている尾鰭と，多くの種類にある，同じ結締組織の背鰭だけである．

大部分のハクジラ類においては，両顎が吻のように伸び，その後の前頭部が膨らんで，丸い曲線を描いており，その部分を「メロン」という．ハクジラ類は，ヒゲクジラ類と（あるいはどの哺乳類とも）違って，鼻の穴が1つしかない．つまり，鼻道は頭骨の位置では2つあるが，皮膚のすぐ下でそれがつながって

○左　ユメゴンドウは肉食性の動物であるが，この種についてはほとんど知られていない．時としてある種のイルカの子供を食べることが知られており，日本，ハワイ，南アフリカの沿岸水域で主として発見される．

○上　巨大な筋肉によって動く尾鰭は，クジラの推進源である．セミクジラは一般に，他のクジラと同様に，深く潜水する前にのみ尾鰭を水面に上げる．このクジラは，風が強いときに，尾を帆のように使うかもしれないという説がある．

目：クジラ目　Cetacea
14科　40属　85種

●ハクジラ類　toothed whales
亜目：ハクジラ亜目　Odontoceti

●カワイルカ類　river dolphins
ヨウスコウカワイルカ科（Lipotidae），アマゾンカワイルカ科（Iniidae），インドカワイルカ科（Platanistidae），ラプラタカワイルカ科（Pontoporiidae）
4科　4属　5種
ヨウスコウカワイルカ（*Lipotes vexillifer*），アマゾンカワイルカ（*Inia geoffrensis*），ガンジスカワイルカ（*Platanista gangetica*），インダスカワイルカ（*P. minor*），ラプラタカワイルカ（*Pontoporia blainvillei*）

●イルカ類　dolphins
マイルカ科（Delphinidae）
17属　少なくとも36種
カマイルカ（*Stenella attenuata*），マイルカ（*Delphinus delphis*），シャチ（*Orcinus orca*），ヒレナガゴンドウ（*Globicephala melas*），ハナゴンドウ（*Grampus griseus*），ハナジロカマイルカ（*Lagenorhynchus albirostris*）を含む

●ネズミイルカ類　porpoises
ネズミイルカ科（Phocoenidae）
3属　6種
ネズミイルカ（*Phocoena phocoena*），スナメリ（*Neophocaena phocaenoides*）を含む

●シロイルカとイッカク　beluga and narwhal
イッカク科（Monodontidae）
2属　2種
シロイルカ（*Delphinapterus leucas*），イッカク（*Monodon monoceros*）

●マッコウクジラ　sperm whale
マッコウクジラ科（Physeteridae）
1属　1種
マッコウクジラ（*Physeter catodon (macrocephalus)*）

●コマッコウ類　pygmy sperm whales
コマッコウ科（Kogiidae）
1属　2種
コマッコウ（*Kogia breviceps*），オガワコマッコウ（*K. simus*）

●アカボウクジラ類　beaked whales
アカボウクジラ科（Ziphiidae）
6属　少なくとも20種
キタトックリクジラ（*Hyperoodon ampulatus*），コブハクジラ（*Mesoplodon densirostris*），アカボウクジラ（*Ziphius cavirostris*）を含む

●ヒゲクジラ類　baleen whales
亜目：ヒゲクジラ亜目　Mysticeti

●コククジラ　gray whale
コククジラ科（Eschrichtiidae）
1属　1種
コククジラ（*Eschrichtius robustus*）

●ナガスクジラ類　rorquals
ナガスクジラ科（Balaenopteridae）
2属　8種
シロナガスクジラ（*Balaenoptera musculus*），ナガスクジラ（*B. physalus*），ミンククジラ（*B. acutorostrata*），ザトウクジラ（*Megaptera novaeangliae*）を含む

●セミクジラ類　right whales
セミクジラ科（Balaenidae）
3属　3種
ホッキョククジラ（*Balaena mysticetus*），セミクジラ（*Eubalaena glacialis*）を含む

●コセミクジラ　pygmy right whale
コセミクジラ科（Neobalaenidae）
1属　1種
コセミクジラ（*Caperea marginata*）

注：いくつかの他の哺乳類の目と同様に，クジラ目の分類も，かなり流動的である．たとえば，1993年に行われた動物分類では，クジラ目として11科，41属，78種を受け入れていた．

1つになり，1つの「噴気孔」が開く．ハクジラ類の場合に，鼻道は単なる呼吸のための管だけでなく，音を発するのにも使われる．噴気孔は三日月形をした皮膚の裂け目であり，脂肪分の多い繊維質の栓で保護されている．この裂け目は進化の結果，水圧で閉じるようになったのだが，クジラが水面に上がって呼吸する際には，筋肉運動によって開くことができる．ハクジラ類の鼻の部分の頭骨は，ネズミイルカ類とラプラタカワイルカでは左右相称であるが，普通は形や大きさが左右不対称である．

ヒゲクジラ類は，種々の点でハクジラ類と異なる．彼らは一般にハクジラ類よりずっと大きく，口の中でくじらひげ器官が歯に取って代わっている．くじらひげは上顎の左右の側から何枚もの角質の板として成長して，他の動物の上顎歯の位置を占める．ヒゲクジラ類は，この器官を使って，動物プランクトンやそれより大型の動物を含む大量の水を濾すことによって，餌を食べる．1対の鼻道は分かれたままであるので，噴気孔は2つあり，それを閉じると「ハ」の字の2本の割れ目としてみえる．ヒゲクジラ類の他の特徴は，肋骨が1頭性であり，胸骨は1つの骨でできていて，1対の第1肋骨につながっているだけという点である．すべてのヒゲクジラ類の頭骨の大きさや形は，種類によって違っていても，左右対称である．

すべての哺乳類と同様に，クジラは温血であり，餌として得られるエネルギーの一部を用いて，体の中心部の温度を36〜37℃に保っている．海は普通，25℃以下の比較的冷たい環境であり，毛皮のコートを失っているクジラは，代わりに皮膚の下に脂皮という生命を保つのに必要な組織が発達して，外の温度を遮断している．脂皮の厚さは，ホッキョククジラの例では50cmにもなる．大型のクジラ類は体重に対する体表面積の割合が小さいため，小型のクジラ類に比べて，体温の遮断効率が明らかに有利である．このことは，小さなイルカ類が極地に分布していないことの説明になるだろう．肝臓もまた重要な脂肪の貯蔵庫であり，また，ある種においては，骨の中に油の形で大量の脂肪（体全体の脂肪の量の半分にも達する）が蓄えられる．

クジラやイルカの体温調節は，体の内部から皮膚とその付属器官への血流を調整することに頼っている．体温の遮断は皮膚への血流の制御に頼る陸上の哺乳類と違って，クジラ類の体温を外部から遮断する毛布のような脂皮には，怪網（主として動脈で，薄い壁をもった静脈も含まれる）と称する，螺旋状の血管の束が侵入している．怪網は普通，胸腔の背中側の壁あるいは体の先端部や末梢部分に組織の塊を形成する．それらの血管の熱交換器としての機能は，反対方向に流れる血流の間の温度の差を保って，運ぶ熱の量を増加させることである．胸鰭，尾鰭，背鰭における動脈を囲む静脈による，このような熱の交換は，体温を保つのに役立つ．静脈の冷たい血流は，体の内部から走る動脈の血液の熱を吸収し，体に戻る血液が温められて，結果的に熱の消耗を最小にする．反対方向に血液が流れる熱交換機能は，雄の生殖器の近くにも存在し，それによって腹腔内にある睾丸を冷やす．また，コククジラの舌にもそれが存在する．体温を保護する必要があ

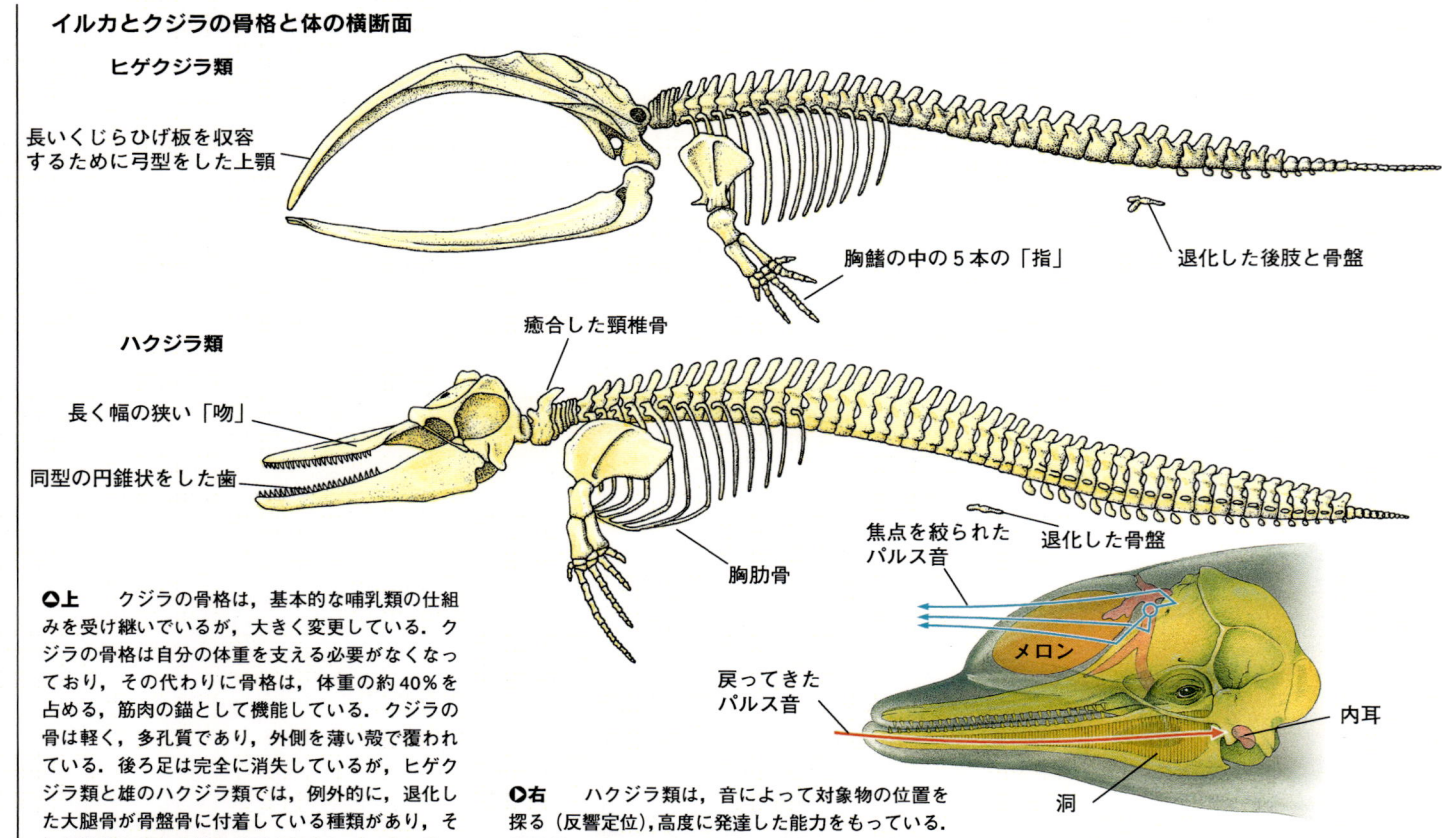

イルカとクジラの骨格と体の横断面

ヒゲクジラ類
- 長いくじらひげ板を収容するために弓型をした上顎
- 胸鰭の中の5本の「指」
- 退化した後肢と骨盤

ハクジラ類
- 癒合した頸椎骨
- 長く幅の狭い「吻」
- 同型の円錐状をした歯
- 胸肋骨
- 焦点を絞られたパルス音
- 戻ってきたパルス音
- 退化した骨盤
- メロン
- 内耳
- 洞

○上　クジラの骨格は，基本的な哺乳類の仕組みを受け継いでいるが，大きく変更している．クジラの骨格は自分の体重を支える必要がなくなっており，その代わりに骨格は，体重の約40%を占める，筋肉の錨として機能している．クジラの骨は軽く，多孔質であり，外側を薄い殻で覆われている．後ろ足は完全に消失しているが，ヒゲクジラ類と雄のハクジラ類では，例外的に，退化した大腿骨が骨盤骨に付着している種類があり，それが陰茎の筋肉の錨の役目を果たしている．骨の極端な変更は頭骨でみられ，ヒゲクジラ類でもハクジラ類でも，頭骨が長く伸びている．ヒゲクジラ類は歯の消失とそれに伴う変化によって，他の動物にみられない奇怪な形となっている．

○右　ハクジラ類は，音によって対象物の位置を探る（反響定位），高度に発達した能力をもっている．前頭部にあるメロンと呼ばれる蠟状のレンズ形をした組織で，鼻道で発する音を絞り込む（頭骨と空気嚢による音の反射によってさらに焦点を絞り込む）．物体から反射した音波は下顎骨の油の詰まった洞（そしてこの骨のまわりの脂肪組織）を通じて内耳に伝えられる．この機構による高度な聴覚は，内耳が泡によって頭骨から遊離することによって，機能を高めている．このようにして音は，外部の共振による妨害なしに，きわめて正確に内耳に伝えられる．

るばかりでなく，大型のクジラ（あるいは活動的な小型クジラ）が暖かい海にいる際には，体温を放出させなければならないという問題が生じる．このような場合には，体表面に近い位置にある動脈の血液の流れを多くし，動脈のまわりの静脈を細くすることによって，血流熱交換機構を逆に使うことができる．このようにして，表層の変換通路における血液の流れを方向転換して，体温の冷却が可能になる．

クジラは主として，力強い尾を垂直に振って遊泳する（尾を左右に振って泳ぐサカナと異なる）．この動きは，クジラの尾部を占める大きな筋肉の塊によって生まれる．大部分のクジラには，体の横揺れを安定させるための背鰭がついている．背鰭はまた，体温の調節にも役割を果たしている．

クジラの腕の骨格の構造はヒトのそれ

◐右 ザトウクジラは世界に広く分布する．右は，ザトウクジラの子供．屈折した海中の光に照らし出されて，白く縁どりされた前縁をもつ目立った胸鰭は，すでに十分に発達している．ザトウクジラの胸鰭は，成長すると5mもの長さに達する．

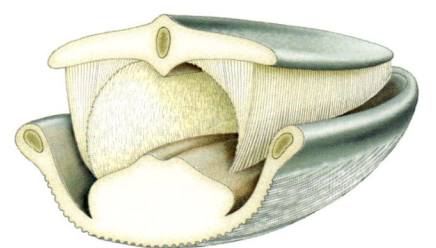

◐上 ヒゲクジラ類は，歯の代わりに，口蓋から垂れ下がる2列の総毛のついたくじらひげをもっている．くじらひげ板は，多くの陸上の哺乳類にみられる，口蓋の湾曲した横に並ぶ畝状の隆起から進化した．「鯨骨」という商品名があるが，くじらひげ板は骨ではなく，硬い結合組織でできている．

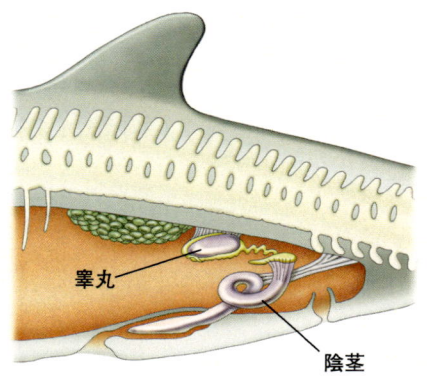

◐上 クジラの生殖器は体内にあり，外には生殖溝があるだけである．雄では，陰茎は腹腔内に，収縮筋によってとぐろを巻くように，納められている．この陰茎はよく動き，種々の社会的な行動において，感覚器としてもしばしば使われる．

と似ているが，体の向きを変えるのに使われる櫂（かい）のような形をした胸鰭に変化している．船が水中を進む際に，硬い外壁が水の流れに乱れを生ずるのに対して，クジラは皮膚を自由に動かして，乱流をできるだけ少なくする．クジラの脂皮はその下の筋肉にしっかりとはついておらず，皮膚の下の脂皮の最上部が非常に発達している．外側の滑らかな真皮細胞の層から，小さな粒状のエチレンオキサイドの高分子重合体が分泌されており，一つの推測として，この粒が水中に真皮細胞を脱落させて，体の動きを邪魔する過流のエネルギーを消すことによって乱流を少なくして，体表面の水の流れを保つのを助けることが考えられている．

クジラは生活のほとんどの時間を水中，時には深海で過ごす．けれども彼らは，水に溶けた酸素を取り込むサカナと違って，空気を呼吸するために，時々水面に浮かび上がらねばならない．またクジラは，潜水しているときには，呼吸を止めていなければならない．

人間が息を止めていられないくらい長い時間潜水するときには，圧搾空気の入った円筒状のアクアラングを用いる．肺の中の空気の圧力は，その人を取り巻く水圧と同じか少し高くなければならないから，圧搾空気が必要である．さもないと，呼吸のために胸を膨らませることができない．圧力がかかっていると，空気中の窒素が全身の体液と細胞内に溶け込んで，浮き上がるときに，溶けた窒素が気体の泡となる．この現象は体のどの部分でも生じ，「潜函病（せんかんびょう）」と呼ばれる，体に痛みをおぼえる状態に陥る原因になる．これと対照的に，クジラが潜水する際には，比較的小さな肺の中に空気を満たすまで十分な空気を取り込む．窒素は空気の一部にすぎず，空気を満たした肺から体液や組織に溶け出す窒素の量はわずかである．しかも，この少量の窒素さえも，それが体液や組織に溶け込むことはほとんどない．クジラの肺は潜水すると圧迫されて，肺の中の空気は気管や気管支や鼻道に移動し，それらの厚い膜

は，気体が組織内に溶け込むことを防ぐからである．クジラにおいては，胸部は比較的に伸縮自在であり，横隔膜が斜めに位置しているので，腹腔内の内臓が横隔膜を圧迫して，肺を背中に押しつけて縮ませるのである．

クジラが浮上すると，肺が再びしだいに膨らみ，噴気孔が広く開き，潜水中に濃縮された臭い匂いのする空気が爆発的に吐き出される．この呼気が噴気孔のまわりの水を空中に飛び散らせて，霧状のしぶき，すなわち噴気となる．小型の種類ではみえにくいが，すべてのクジラがこの「噴気」を出す．クジラは息を吐くや否や，新鮮な空気を胸いっぱいに吸い込む．そして，肺胞は気体交換を最大にするために，膨らんだ状態に戻り，空気呼吸を繰り返して，再び潜水する用意が整う．

クジラは長い間水中にとどまることができる．キタトックリクジラやマッコウクジラの場合には，それが1時間以上にもなる．ミオグロビンという分子倉庫が酸素を筋肉中に蓄えるので，陸上の哺乳類以上に長い間，新鮮な酸素の供給なしに，筋肉を機能させることができる．

発音と反響定位
水中の航海

深海では光がほとんど当たらないため，クジラがまわりの状態と餌の位置についての情報を得るには，視覚以外の感覚に主として頼らなければならない．彼らは高度に発達した聴覚をもち，幅の広い，変化に富んだ音を発することによって，相互の通信を行っている．動きの素早いサカナやイカを捕らえるために追い掛けるハクジラ類は，水中音波探知機を使うことによってそれらの餌の位置を把握する．彼らは主として超音波領域（20〜220 kHz）の強く短いパルス（律動）音を出す．イルカではパルスの間隔は10〜100ミリ秒であり，それを1秒間に600回繰り返す．それらのパルス波は他の音とともに，目標物に当たって，反射して戻るが，それによってイルカは，環境についての「音の絵」を描くことができる．マッコウクジラは9種類のパルス音を約24ミリ秒発射する．このパルス波の繰り返しの率は，次のパルス波を出す前に目標物から反響音が帰ってくるように調節する．このパルス音は非常に強く，数km離れていても聞くことができる．

かつてはこの反響定位のパルス音は咽頭で発せられると考えられたが，今では噴気孔のすぐ下の鼻嚢の部分で，この音を発することが知られている．上部の鼻道に，「サルの唇」すなわち背複合嚢と称する構造がある．マッコウクジラを除くすべてのハクジラ類は，前庭の空気囊の腹床の真下に2つの左右対称に位置する複合嚢をもち，それは「サルの唇」（裂け目状の開口部）に埋め込まれた，前後1対の脂肪の充満した背複合嚢と，弾力のある軟骨状の舌端と，頑丈な噴気孔の靭帯とから構成されており，それらはすべて筋肉と空気囊が複雑に配列している．マッコウクジラの頭はイルカの頭とはきわめて相違しているようにみえるが，彼らはすべてほとんど同じ方法で発音すると今では信じられている．空気が「サルの唇」の間を強制的に通過するときに，その唇が複雑に振動する．唇を周期的に開閉すると，空気の流れが乱され，パルス波の繰り返し率が決まる．パルス音を発する間に2枚の唇が当たると，振動が囊の中で発生すると考えられる．最近，発音時におけるこの複雑な構造の役割を確かめるために，高速ビデオ内視鏡が，飼育しているイルカに用いられている．音が出ると，それはメロン（マッコウクジラの場合は床）を通じて伝達される．メロンの中心部は密度の小さい油で構成され，その前部で音を絞った束にする，音響レンズとなる．

ヒゲクジラ類が，ハクジラ類のように，反響定位の機能を使っているかについては，まだ証明されていない．また，彼らは音の代わりに，餌のプランクトンの塊の位置を知るのに，視覚に頼っているかもしれない．しかしながら，ヒゲクジラ類は低い周波（15 Hz〜30 kHz）の強いパルス波を短時間出すことができる．そしてこの音は，アメリカ海軍が深海に設置している，音響監視体制（SOSUS）配列によって明らかにされたように，深海経路を通じて数千km以上の距離まで聞くことができる．シロナガスクジラやナガスクジラの低周波音は，30 Hzで50 m，15 Hzで100 mもの非常に長い波長をもつ．典型的なシロナガスクジラの発音は20秒ほど続き，水中ではおおよそ30 kmもの距離まで到達する．もしもこの音を反響定位に使うと，この波長の長さ以下の目標物

○下　クジラの噴気の大きさと形は非常に変化に富んでいる．小型のクジラの噴気はほとんど眼にみえないが，ザトウクジラの噴気の高さは3〜5 mに達する．中には，2つの噴気孔をもち，セミクジラのようにそこからV字型の噴気を出す種類がある．

を識別することはできないだろう．それゆえに，彼らは原則的には，この音を大陸斜面のような大規模な海洋構造か，あるいは湧昇に伴う水の密度の違いを判別するのに使っているのかもしれない．

ヒゲクジラ類の音はまた，もしも発音の質が個体ごとに違い，それを区別できるとすれば，互いの交信に役立っているかもしれない．社会性のあるハクジラ類においては，記号的な連続波の音が個体識別の機会を与え，それが地理的あるいは群れに特有の，方言の進化をもたらしたのかもしれない．

進化
クジラ類の祖先

1990年代に新たな分子生物学の技術が導入され，最新の分子と形態の情報の組み合わせを基礎として，広範囲にわたる類縁関係の再評価が進められてきたが，現生のクジラ類の起源は未だによく理解されてはいない．しかしながら，形態学はクジラ類が偶蹄類か奇蹄類のいずれかと密接な関係をもつことを示唆している一方，分子資料は現生の動物の中では，カバの仲間の偶蹄類がクジラと最も近縁であり，レイヨウ，シカ，キンなどの反芻亜目（Ruminantia）がそれに次ぐことを示唆している．

クジラ類と認められる哺乳類は，中期始新世の前期の地層から出る化石として出現している．最初の化石はプロトセタス科（Protoceridae）のパキセタス属（Pakicetus）に属するグループであり，これは退化した後肢と伸びた吻をもつ，細長い海生の動物であった．クジラ目（Cetacea）の中で別の亜目に分類されるムカシクジラ亜目（Archaeoceti）は，始新世期に最も栄えたが，大部分の種は漸新世の終わりまでに絶滅し，中新世以後まで生存した種はいない．しかしながら，中期始新世の後期から後期始新世の初期までに，彼らはあまりにも特殊化してしまい，近代的なクジラ類の祖先とはなりえなかった．

時代をさらに遡ってみると，白亜紀の終わりに，陸生のメソニックス亜目（Mesonychia）からムカシクジラ亜目（その後近代的なクジラ目となる）が進化し，やがて暁新世の間に海に生活の場を移したと思われる．メソニックスは髁節目（Condylarthra：クレオドントとして知られる）を祖先とし，アルクトキオン亜目（Arctocyonia：現生の有蹄類とその近縁種）と類縁関係にある．メソニックスの頭骨と歯の特徴が，多くの点でムカシクジラと類似している．そして，それらの類似点についての考え方は必ずしもはっきりしていないが，メソニックスがクジラ類の祖先であることが現在では最も確からしい［訳注：この説は足首の骨の構造の古生物学的証拠から現在では否定されている］．

クジラ目の進化

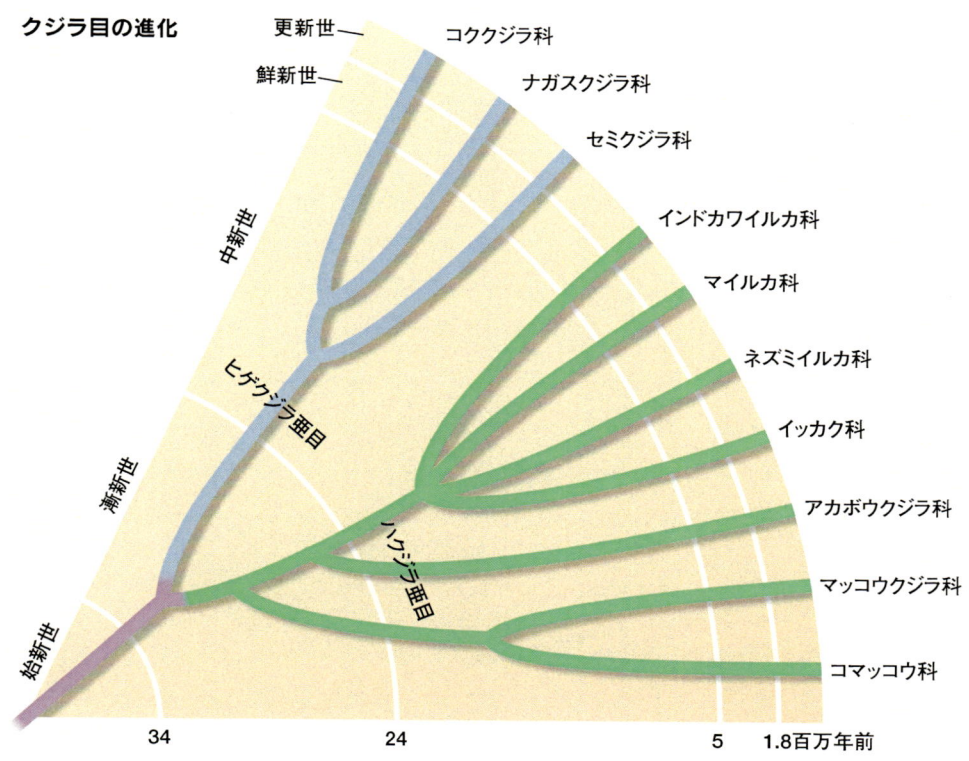

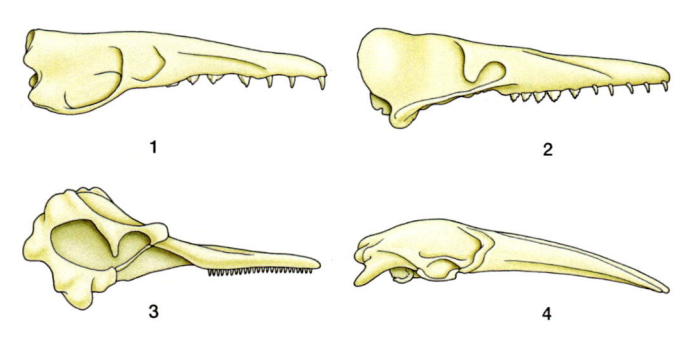

○右　クジラの頭骨の進化における骨と歯の形態の変化．
(1) プロトセタス：食肉目に似た歯をもつ，陸生のクレオドント，(2) プロスクワロドン：中間型，(3) バンドウイルカ：近代的なイルカで，同歯性，(4) ナガスクジラ類：骨が最も変形しており，すべての歯が消失し，くじらひげがそれに置き換わっている（図には示さず）．

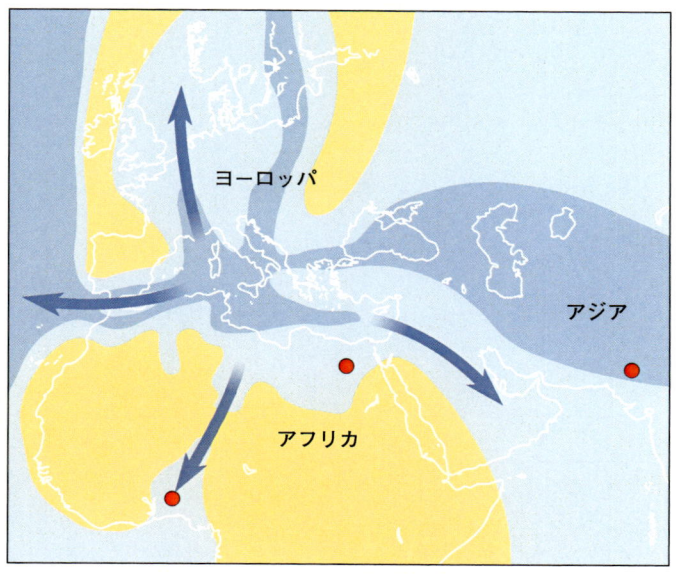

○左　テーチス海は地球表面の巨大な水桶であった．この海はヨーロッパとアフリカを分ける水路であり，中央アジアを通って，現在のミャンマーにまで達していた．ここはおそらくクジラ類の進化の中心地である．図中の矢印は現代に分布しているクジラ類の移動経路を示す．

テーチス海のもとの範囲
始新世におけるテーチス海の拡大
最古のクジラ類の遺跡
推定された分散経路

　初期のムカシクジラ類の大部分の化石は，地中海からアラビア湾にかけての地域から出土している．この地域は，中新世の時代に古テーチス海の西側の狭い湾曲部を形成していた．プレシオサウルスや，イクチオサウルスなどの爬虫類が絶滅した中生代の終わりに，空白となった生態的地位を利用して，陸生のクレオドントが，始新世の終わりに湿地や海岸の周辺部に生活の場を広げ始めたのは，おそらくこの地域であったと思われる．中新世の間に個体群の数が増大するにつれて，彼らが以前に主食としていた，動きの遅いサカナや淡水や汽水性の貝類から，速く泳ぐサカナを捕らえるように適応できない種が淘汰されたと推測できる．

　この時代は哺乳類の時代であり，適応放散によって多くの種が生まれた．この時代に化石の記録が少ないのは，クジラの形態的特徴が急速に変化したことを説明するのに役立つと思われる．始新世にテーチス海の西側の水温が高かったことがムカシクジラを豊富にしたが，漸新世に気候が悪化し始め，テーチス海が拡大すると，おそらくムカシクジラ類の数が減り，中新世までにハクジラ類とヒゲクジラ類とに完全に置き換わった．彼らは水生生活に適応するにつれて，鼻孔の位置がしだいに頭の上まで移動し，鼻孔で水を完全に遮断するようになった．長くてよく動く首，機能する後ろ足，ほとんどの腰骨は，毛とともに失われ，推進力をつけるために水平の尾鰭が発達した．体型はさらに魚雷型に変わり，その結果ずっと水の抵抗が少なくなった．そして，体の左右の揺れを防いだり，体温を調節したりするために，背鰭が発達した．

　ムカシクジラ類の頭骨の形の，ハクジラ類へ向けての最も大きな変化は，素早く動く餌を捕らえるために，餌の位置を音で探る機能の発達と並行して，頭骨の前部が伸びたことであった．同時に，種々の特殊な器官——特にメロン，脳油嚢，鼻道の憩室——が発達した．それらの器官の機能は発音と関係しており，マッコウクジラの場合には，それらは深く潜水することにも関係すると考えられる．さらに，交尾に際して雄の間で闘争することが重要であるクジラ種において，性の淘汰がそれらの器官の発達に優位に働いた．

　ムカシクジラ類の歯は，門歯，犬歯，臼歯に分かれていた．これらの歯は，始新世の間に，現生のハクジラ類に典型的な，鋭く尖った，同歯性の歯の長い列に変化するか，あるいは，後の主として漸新世に，歯に代わってくじらひげが生じた．このくじらひげは口蓋の湾曲した歯茎から進化した，捕食のための特徴的な構造である．現生のヒゲクジラ類の大部分は，胎児期の初期には，依然として歯の原器をもっている．このことは，ヒゲクジラ類がハクジラ類と共通の祖先をもっていることを示唆しており，これはまた，解剖学的および染色体的証拠からも支持される．

　最も初期の真のハクジラ類は，三角形の，サメの歯のような形の歯をもった，吻の短いスクワロドンであった．このクジラは，漸新世の後期から中新世の

クジラとイルカ

○上　この写真のカイアシ類の体は米粒くらいの大きさしかない．しかしながら，冷たい海の中に大量に存在し，ホッキョククジラ，セミクジラ，イワシクジラ，ナガスクジラなど北半球産の大型ヒゲクジラの餌として，主要な役割を演じている．

○左　ザトウクジラの「気泡網」索餌法．1～2頭のザトウクジラが協力して，餌の群れの下から螺旋状に泡を吐きながら，ゆっくりと浮上する．サカナの群れは泡の壁の中で泳ぎ，効率よく濃縮される．

○下　索餌戦略はイルカの種類によって違う．群れの構成員が協力してサカナの群れを追う種類もあれば，単独で索餌する種類もある．この写真では，1頭のバンドウイルカがサカナの群れを追っている．バンドウイルカが強力な尾でサカナを水面に跳ね上げて気絶させるのがみられたこともある．

初期にかけて，おそらく最も豊富に存在し，南半球の全域に分散していたが，中新世の中期までに，その近縁種に取って代わられた．特に，アカボウクジラ科（Ziphiidae）はスクワロドンの祖先まで辿ることができ，マッコウクジラ科（Physeteridae），淡水性または汽水性のインドカワイルカ科（Platanistidae），マイルカ科（Delphinidae），ネズミイルカ科（Phocoendae）を含む他のハクジラ類も同じであろう．マッコウクジラは他のどのハクジラ類よりも頭骨の左右不対称性が顕著であり，染色体の構造も大きく違っており，漸新世の中期に分岐したことはほぼ確かであろう．しかしながら，最近の分子生物学的研究によって，マッコウクジラが他のハクジラ類よりもヒゲクジラ類に近縁であるかもしれないとする学説は否定されている．

　ハクジラ類の頭骨が音響器官を収納するために変化した一方で，ヒゲクジラ類の頭骨はハクジラ類とは違った生活様式に適応した．彼らの頭骨の上顎の上縁はかなり湾曲している．これはおそらく主として，餌をとる際に，不規則な間隔で口を大きく開閉することによって負わされる，頭骨と下顎とのストレスに対応するためであろう．

万能選手の食性
餌と索餌

　他のクジラやラッコやアザラシを食べるシャチから，サカナやイカを追うイルカを経て，オキアミを濾して食べるザトウクジラやシロナガスクジラに至るまで，クジラ類の餌には，海から得られる多くの種類の生物が含まれる．小型ハクジラ類の多くは，餌を好き嫌いなく食べるようである．彼らは群れている外洋性のサカナを，機会があれば何でも食べる．しかしながら，1つの海域の中で，イルカの種の間で，餌にどの程度の重なりがあるかについては，今もよくは知られていない．ヒゲクジラ類の間では，くじらひげ板の長さと厚さと枚数は，彼らが利用する餌の種類と大きさに関係する．海底の餌を選択的に食べるコククジラは，短くて頑丈なくじらひげ板をもち，畝の数（普通は2～3本）はナガスクジラ類（14～100本）よりも少なく，海底を「掃除する」ように適応している．ナガスクジラ類においては，くじらひげ板は長く，幅が広い．シロナガスクジラのくじらひげ板の幅は75cm近くになる．他のナガスクジラ類のくじらひげ板の幅は，体長に応じて狭くなる．セミクジラとホッキョククジラでは，くじらひ

げ板は極端に長く，総毛が細く，ヒゲクジラの中で最も小さい浮遊性の無脊椎動物を食べる．

ヒゲクジラ類とマッコウクジラ，キタトックリクジラ，ネズミイルカなどの一部のハクジラ類が各自で餌をとる傾向があるのに対して，多くの小型ハクジラ類は，サカナの群れに突き進んだり，高速で水面に駆け上ったりの行動を組み合わせて，群れの個体が協力してサカナを捕食するようである．個体の間の交信は，基本的には種々の音を発することによって行われ，おそらくそのほかに，特別な型の跳躍によっても交信がなされる．これらの跳躍行動はきわめて複雑のようであるが，われわれが目星をつけた個体を（望ましくは水中でも）絶えず追跡することができるようになるまでは，個体間の協力の程度を確かめることはできない．

生態と行動
生活様式と繁殖

ヒゲクジラ類とハクジラ類が異なった進化の道を辿ったことが，彼らのそれぞれの生態に強い影響を与えてきた．一般的にいって，高い第1次生産力（植物プランクトンの量）があり，サカナやイカがそれに依存する海洋は，両極（そこでは日光によって1日に1 m^2 あたり 150～250 mg の炭素が固定される）に近い海域である．それに対して，熱帯海域では生産力が比較的低い（窒素の多い湧昇流のある海域がまばらにある沿岸水では生産性が高いが，湧昇流のない沖合域では，1日1 m^2 あたりの炭素の固定量は 50～100 mg である）．極域では季節によって生産力に大きな変化があり，水温，日光量，日照時間が急速に上昇し，気候が比較的安定する夏季には，植物プランクトンと，それを基礎とする，動物プランクトンとサカナやイカなどの高次動物が，高密度で生産される．

120日の夏の索餌期間に，大型のヒゲクジラ類は体重の3～4％の餌を毎日食べる．最近では南極海のクジラ（すべてのヒゲクジラ類を含む）は4000万tのオキアミを毎年食べている．それらのクジラが人間によって利用される以前には，その値は2億tもあったと想定される．かくして，1年の夏の期間（南極海では約4か月だが，生産力の低い北太平洋や北大西洋では6か月以上），大型のクジラ類は高緯度海域に回遊して餌を食べ，脂皮に体重の40％ものエネルギーを蓄えて肥る．1年の残りの期間では，餌の摂取率は夏の10分の1にまで落ち込み，クジラが再び索餌場に戻るまでに脂皮に蓄えたエネルギーの多くが消費される．

なぜ大型ヒゲクジラは，餌のほとんどない赤道付近まで回遊するために，脂皮に蓄えたエネルギーを使わなければならないのだろうか．それに対する回答には，まだ確定的なものはないが，いくつかの理由が考えられる．多くの小型のクジラ類は高緯度で1年中を過ごし，比較的冷たい環境で子供を完全に育てることができるようである．冬季に高緯度で繁殖するのは，餌不足によって制約を受けるだろうが，夏季には高緯度では基礎生産力が非常に高く，水温もまた繁殖にずっと好都合である．

なぜ大型のクジラ類が繁殖のために暖かい海に旅をするのかについて，次のような一説がある．つまり，大型のクジラの親が子供を自分と同じくらい大きくなるように育てるには，自らの体も維持しつつ子供を養うため，大量のエネルギーを摂取して体に蓄えなければならない．そのために冷たい極海に夏にだけ大量に発生する動物プランクトンを食べる必要があり，動物プランクトンが少なくなる冬には，エネルギー消費量の少ない暖かい海で過ごすことが効率的である，というのである．この説は，寒海でもサカナやイカは1年中得られるが，プランクトンが豊富な期間は短く，大きな回遊をする大型クジラの多くが（ザトウクジラは主としてサカナに頼っているが），プ

○上　アルゼンチンのパタゴニアの海岸で岸にのし上がって，ミナミアメリカアシカを強奪するシャチ．シャチは大部分のハクジラ類よりも歯の数が少ないが，その歯は大きなサカナ，イカ，その他の海洋動物を捕らえるために，大きくて，強い．シャチは餌を咀嚼しないで，丸のまま，または餌の体の一部を引き裂いて，飲み込む．

○下　クジラの跳躍の一つの機能は，他の個体と交信することであるが，サカナの群れに恐怖を与えたり，気絶させて，食べやすくしたりするのにも役立つようである．ザトウクジラは跳躍が上手であり，水の上にはっきりと体を出して飛び上がるのが観察されている．腹を上にし，頭から先に落ち，水中で円を描いて出発点に戻ったりする．

ランクトン食性であるという観察によって支持される．第2の答えは，進化の歴史であろう．約3000万年前の初期のヒゲクジラの化石は，北大西洋の低緯度地域で出土する．新生代における地殻プレートの移動による大陸塊の並列と海水温の変化に伴って，ヒゲクジラ類が放散し，極に向けて分散した．長距離を回遊するいくつかの種類の鳥類と同様に，現代の大型クジラ類が赤道まで回遊するのは，かつて赤道近くの海域で高い生産力が存在した時代の名残りかもしれない．しかしながら，この考えをすべてに適用するためには，緯度的に遠い距離を移動するためのエネルギーのコストが小さい必要がある．自然淘汰の圧力は，そうでなければ，この長距離を回遊する性質を抹殺するからである．3つ目の説明は，クジラは極または亜極の海域での繁殖を避けるということである．それらの海域では天敵のシャチが豊富に分布することを彼らは経験しているからである．クジラの回遊についての完全な理解はまだできていない．しかしながら，ナガスクジラのような，大型クジラ類のいくつかの種には，必ずしも長い緯度的な回遊をしない個体もいることは，記載しておく価値がある．

ヒゲクジラ類が主として動物プランクトンを食べるのに対して，ハクジラ類は主としてサカナやイカを食べる．これらの3つの餌のグループは，重量に対してエネルギーの値がかなり高い．そして，蛋白質，脂肪，炭水化物の内容は，餌のグループによって違いはあるけれども，1日の摂餌率は，それぞれのグループで比較的同じ値である．体の大きさはハクジラ類が冬に高緯度から低緯度へ移動するかしないかを決定する要素である．小型クジラの餌の摂取率は比較的高いが（大型クジラの1日の摂餌率が体重の3〜5%であるのに対して，小型クジラは8〜10%），小型個体の1日の摂餌の絶対量は明らかに相対的に少ない．

小型クジラは，ほとんどの緯度帯で見出される．彼らは広範囲に分布する——たとえば北太平洋のマダライルカの生活圏は直径320〜480 kmらしい——が，はっきりした南北回遊をする傾向にはない．

回遊習性の違いのすべてが食性にあるとは考えられないが，クジラ類の回遊以外の特徴は，彼らが食べる餌の種類に関係すると思われる．動物プランクトンやサカナを食べる種類は，体長のいかんにかかわらず，妊娠期間が10〜13か月であり，一方，イカを食べる種類では

○上　交尾中のバンドウイルカ．交尾期はイルカの地理的位置と彼らが生活する海の状態によって変化する．妊娠期間は通常約1年である．生まれた子供は18か月経たないと完全に離乳しないが，生後約6か月で餌を食べ始める．

12〜16か月である．妊娠期間が長いのは，餌の相対的価値（単にエネルギー量ではなく，蛋白質，脂肪，炭水化物の組成）を反映しているらしい．あるいはそれらの餌がいつでも利用できるか否かに関係するかもしれない．大型クジラ類の間で，プランクトン食性のヒゲクジラ類よりも，イカを食べるマッコウクジラの方が哺乳期間が長い．小型クジラ類の間でも，はっきりはしないが，この傾向は同じであり，イカを食べる種類の哺乳期間は12〜24か月であるのに対して，サカナを食べる種類では10〜12か月である．

クジラの社会制もまた，食性によって影響されるらしい．セミクジラやホッキョククジラのようなプランクトン食性のクジラは，雌と交尾するときに，雄同士で競合するが，彼らは大部分の時間を単独かあるいは2頭連れで過ごし，通常10頭以内の小さな群れは，餌が濃密な場所か，長距離を移動するときに出現する．ナガスクジラ類の社会制に関する情報はほとんどないが，雄のザトウクジラが，繁殖期に，長い間歌を歌うか，跳躍を繰り返して，雌の気を引こうとする．雄は交尾するために，「縄張り」をつくり，その中で雌と触れ合い，他の雄を追い払う．一方，イカを食べるクジラの少なくともいくつかの種類は，しばしば両性の子供と母親からなる，安定した母系家族集団をつくる．この群れに成熟雄が交尾のために短期間加わる．そのほかに，単独で旅をする独身雄の群れがいる．この社会制はマッコウクジラがよい例である．ゴンドウクジラはシャチに近く，雄が家族集団から離れるマッコウクジラと違って，雄がその中にとどまる．ヒレナガゴンドウのマイクロサテライトDNAの研究によって，このクジラは，群れの中の雄が2〜3頭の雌とだけ交尾し，他の個体とはまれにしか交尾しない

で，一種の夫婦関係を保った緊密な群れをつくって行動することが示唆された．イカ，サカナ，海鳥，哺乳類などを食べるシャチもまた，年とった雌，その雌の両性の子供，第2世の雌の両性の子供とからなる，安定した家族集団をつくる．成熟した雄は彼らが生まれた群れの中にとどまるが，群れの間の個体の移動や交換についてはまだ記録されていない．遺伝学的研究によって，雄のシャチは近縁の群れの構成員とは交尾せず，たまたま遭遇する他の群れの構成員と交尾することが示唆されている．しかしながら，サカナを食べるクジラの大部分は，索餌場または繁殖場，あるいは長距離移動の際に群がる，混群または家族単位（単純に親子かもしれない）の群れでつくられる，流動的な社会制をもつ．個体が群れから出たり入ったりして，一定の核をもっているかもしれないが，群れは安定しない．研究された数種のクジラでは，安定した血縁関係（主として雌の血縁から成り立ち，長期間にわたる結合）がなく，両性は乱交である．

きわめてまれなことであるが，進化的に500万年またはそれ以上も離れているにもかかわらず，シロナガスクジラとナガスクジラとの間の混血個体が出現した．それよりも類縁関係が離れた哺乳類の種間の混血の存在も排除できないが，シロナガスクジラとナガスクジラは混血が可能な哺乳類の種，たとえばチンパンジーとヒトとの間の違いと同じくらいの，ほとんど差のないDNAの配列をしているのであろう．

分布域と生活史
分布型

クジラはどんな地域でもばらばらに分布しているのではなく，湧昇流（ここでは餌の密集が生じやすい）や，大陸棚斜面（これはクジラの移動に役立つらしい）のような，水面下に特徴のある地形構造をもった海洋を好むようである．大部分のクジラ（特に小型ハクジラ類）の繁殖場についてはあまりよく知られていないが，大型のいくつかのクジラについては，比較的よく知られている．

コククジラとセミクジラは，出産のためには暖かい海の岸寄りの浅い湾を必要とするらしく，それに対してシロナガスクジラ，ナガスクジラ，イワシクジラのような，ナガスクジラ属（*Balaenoptera*）のクジラは，沖合の深い海で出産するようである．したがって，前者の仲間の繁殖場は，後者よりも特定的である．

交尾期の間，ある種のクジラは特別な場所に集まる．それらの場所は，冬季に，出産場と同じ暖かい海であるかもしれず，あるいは多くの小型ハクジラ類のように，夏季に，索餌場と同じ高緯度の海であるかもしれない．交尾は通常は季節が限られているが，大きな群れをつくるイルカ類においては，ほとんどの季節で性的行動が観察される．

妊娠と授乳の期間の長さは普通，雌が子供を連れている頻度によって決まる．クジラは1頭の子供を産む．（ネズミイルカ類のような）小型で，サカナを食べる種類においては，毎年出産する．大型でプランクトンを食べるクジラは，その期間は隔年（ある種においては3年）であり，イカを食べる種類では3〜7年である．ただし，雑食性のシャチの雌は，3〜8年の間隔で出産する．さらに，多くのクジラの種が数年（プランクトンやサカナを捕食する種は4〜10年，イカを食べる種やシャチは8〜16年）で性的に成熟する．したがって，大部分のクジラの種が長生きする（小型種で12〜50年，ホッキョククジラのような大型のヒゲクジラ類やマッコウク

○上 爆発銛と工船が導入されるまでは，捕鯨はきわめて危険な活動であった．この，銛を撃たれたクジラによって小船が放り上げられる昔の捕鯨の光景は，くじらひげ板やクジラの歯（この場合はマッコウクジラの歯）に彫る芸術，スクリムショウ［訳注：水夫が暇つぶしにつくる細工物］の一例である．

○左上 イルカは，アリストテレス，イソップ，ヘロドトスらの作品を含む，古代の芸術や文学に，しばしば海で危険な状態にある人を助ける存在として，広く描かれた．紀元前5世紀につくられたこのギリシャの鉢は，ブドウ酒の神であるデュオニソスが関係する，ある事件を描いている．海賊に攻撃された神は，彼らを優しいイルカに変身させることによって復讐した．

○下 クジラを描いた絵は石器時代まで遡ることができる．しかしながら，リンネによって科学的な分類法が導入されるに及んで，この18世紀の版画のような作品が，主として類型学的目的を意図して広まった．

ジラ，シャチで50〜100年）のは，驚くべきことでない．

子供の自然死亡率は成体より高いが，クジラは成長するにつれて，自然死亡率が減少するようである．最近の推定では，ミンククジラの自然死亡率は9〜10％，マッコウクジラで7.5％，ナガスクジラで4％である．イカを食べるクジラ種の性成熟年齢が高いのは，素早く泳ぐイカを効率よく捕らえるのには，おそらく学習に長い期間を要する結果であろう．たとえばシャチ（成熟雄で3.9％，成熟雌で0.5〜2.1％）やマッコウクジラ（雄で6〜8％，雌で5〜7％）のように，種によっては，性別で自然死亡率が異なるという証拠がある．

クジラとヒト
歴史的概観

人間が太古からクジラを利用してきたことを示す，考古学的証拠がある．捕鯨活動を示す彫刻が，4000年前のノルウェイ人の住居跡から発見され，3500年前のアラスカのイヌイットの貝塚はクジラの遺物を蔵している．もちろん，この時代には基本的にはクジラが座礁や漂着したときに捕獲するようなことで，能動的には捕らえられていなかった可能性は大いにある．しかしながら，更新世以後，海が暖かくなってクジラが極地方に季節的に豊富にやってきても，もしも昔の漁師がそれらのクジラを積極的に利用しなかったとしたら，驚くに値するだろう．

ほぼ同時代の3200年前に，古代ギリシャ人はイルカを，非消費的方法で，彼らの文化に組み入れていた．というのも，クレタ島クノッソスのクレタ（ミノス）文明時代の寺院にあるフレスコ画にイルカが描かれているのである．そして多くのギリシャ神話がイルカのもつ利他的習性を引用している．一つの神話は，叙情詩人で音楽家のアリオンが，イタリアからの旅で利用した船の乗組員によって捕らえられた様子を記述している．その乗組員が彼を殺すぞと脅迫したときに，彼は最後に音楽を奏でることを懇願した．許されて奏でた調べはとても甘美であったために，イルカの群れを惹きつけた．イルカたちをみるや，アリオンはさっと船から海に飛び込んで，そのうちの1頭の背に跨って，安全を確保した．ギリシャの哲学者のアリストテレス（紀元前384〜322年）はイルカを詳細に研究した最初の人物である．その記述にはいくつかの誤りや矛盾があるが，解剖の詳細についての記述の多くは，明らかに彼自身がイルカの解剖を手掛けたことを示唆している．

ヨーロッパにおける通常の捕鯨についての最初の記録は，800〜1000年のスカンジナビアの北欧人によるものである．バスク人もまた，クジラを古くから利用した．そして，12世紀までにビスケー湾で大規模な捕鯨が行われていた記録がある．初期の捕鯨はセミクジラとホッキョククジラに集中していたと思われる．それらのクジラはゆっくり泳ぐし，油の含有量が多いので，死ぬと浮くからである．かつては北大西洋に存在していたコククジラの資源は，おそらく18世紀の初期までに絶滅するまで捕獲された．

捕鯨はしだいにビスケー湾からヨーロッパ沿岸を北上し，グリーンランドにまで拡散した．次の世紀までにオランダ，次いでイギリスが北極海で捕鯨を開始した．17世紀の間に北アメリカの東海岸を基地とする捕鯨が始まっていた．この時代に捕鯨者は小さな帆船を用いて，手漕ぎボートから銛を投げて獲物を攻撃した．捕獲した後にクジラは岸に曳かれて，陸上または氷上，あるいは帆船の舷側で解体されて，処理された．これとは違って，1600年ごろに発展した日本の捕鯨では，網と小船の船隊を使った．

船が発達すると，捕鯨者は他のクジラ種，特にマッコウクジラを追い掛け始めた．18〜19世紀には，ニューイングランド（アメリカ），イギリス，オランダの捕鯨者は，最初に大西洋を南下して，西向きにホーン岬を回って太平洋に入り，東向きの喜望峰を回ってインド洋に進出した．19世紀の前半に，捕鯨が南アメリカとセイシェル諸島で開始された．このころまでに北極捕鯨の船は，グリーンランド，デービス海，スバルバードの氷の海に侵入し，ホッキョククジラ，

○上 フェロー諸島におけるゴンドウクジラ漁のような小規模捕鯨は，世界のいくつかの地域で今でも続いている．たとえば，アメリカとロシアでは，北極圏での先住民によってなされる限定的な捕獲が許されている．彼らにとって，捕鯨は長い間，伝統的な生活手段であり続けている．

セミクジラ，そしてその後ザトウクジラを捕獲した．セミクジラを狙った捕鯨は，ニュージーランド，オーストラリア沖の太平洋の高緯度海域でも開始され，1840年からは，ベーリング海，チュクチ海，ビューフォート海でホッキョククジラを対象に捕鯨が行われた．

1700年代までに北大西洋で，1800年代半ばに北太平洋で，乱獲が捕鯨の崩壊をもたらした．マッコウクジラを対象にした捕鯨は1850年ごろまで繁栄したが，その後急速に衰退した．ノルウェイ人のスフェンド・フォインが捕鯨砲とそれを搭載した汽船を開発して，帆船に置き換えた1868年以後，状況はさらに悪化した．この型の捕鯨船は，高速で泳ぐナガスクジラ類さえも追い掛けることができて，その発明は残りの大型クジラ類の資源に著しい影響を与えた．1800年代の終わりまでに，近代捕鯨船は太平洋，ニューファンドランド，アフリカ西海岸に集中した．その後の1904年に捕鯨者は，シロナガスクジラ，ナガスクジラ，イワシクジラの豊富な，南極海の索餌場で捕鯨を開始した．1925年には，南極海で最初の近代的な捕鯨工船が操業を開始し，沿岸捕鯨が終了した［訳注：南極海では，その後も1965〜1966年漁期まで沿岸捕鯨が継続した］．その結果，南極海捕鯨は急速に拡大し，1937〜1938年漁期には4万6000頭のクジラ類が捕獲され，クジラ資源が商業的に絶滅するまで続いた［訳注：国際捕鯨委

員会（IWC）によって政治的に捕鯨が禁止されたのであり，クジラが生物学的に絶滅した結果ではない］．体長が最大で，ナガスクジラ類の中で最も経済的価値の高い南極海のシロナガスクジラは，1930年代に捕獲の優位を占めていたが，1950年代半ばまでに少数の捕獲に落ち込み，1964年に完全に保護された．この資源が減少すると，捕鯨者の関心は，次に大きなナガスクジラ類に次々に移っていった．

マッコウクジラは1850年代に資源が崩壊した［訳注：資源が崩壊したのではなく，石油の開発などの社会情勢の変化によって，採算の合わなくなった帆船捕鯨が衰えた］後も捕獲が続いたが，1948年までは世界の捕獲量は年間約5000頭にすぎなかった．捕獲はその後急速に増加し，このクジラの捕獲が禁止された1985年まで，主として北太平洋と南極海で年間約2万頭の捕獲が続いた．

20世紀の半ばまで捕鯨産業はノルウェイとイギリスで盛んで，オランダとアメリカもかなりの捕獲割合を占めていた．しかしながら，第二次世界大戦以後1960年代の終わりまでに，それらの国は遠洋捕鯨を放棄し，日本と旧ソ連がそれを引き継いだ．その間も，多くの国が沿岸捕鯨を続けた．最近，旧ソ連の捕鯨資料が明るみに出たが，それによると，ミナミセミクジラは1931年以来，公式的には国際的に保護されているにもかかわらず，1951～1971年の間に，少なくとも3368頭が旧ソ連によって捕獲されたという．

基本的には，遠洋捕鯨の最も重要な生産物は鯨油であり，ヒゲクジラ油はマーガリンその他の食用に用いられ，マッコウクジラ油は特殊な潤滑油として用いられた．しかしながら，1950年ごろ，化学製品と動物の飼料用ミールの重要性が増した．また，ヒゲクジラの肉は日本人にとって食用として高い価値をもっていた［訳注：日本ではハクジラ類の肉も食用とする］．一方，旧ソ連では鯨肉の価値は高くはなかったが，その代わり，製油を目的にしてマッコウクジラの捕獲に集中した．1970年代後半までに南極海捕鯨からの生産の，世界全体に占める割合は，鯨肉29％，鯨油20％，ミールまたはソリュブル蛋白7％であった．

過去30年以上にわたって，苦境に立たされたクジラに向けて，人々の関心と同情が増してきた．アメリカの東海岸やカリフォルニアの礁湖でクジラを観察する人は，クジラの不思議な性質や魅力的な習性に惹きつけられた．同時に多くのクジラが乱獲の結果，減少を続けていた．IWCは1948年に捕鯨活動を規制するために設立されたが，科学委員会の勧告がしばしば近視眼的な商業的考慮によって却下されたので，一般的には効果がない状態が続いた．

1972年にアメリカで海獣類保護法が成立し，イヌイットやアリュートなどの先住民族が生存目的と手工芸品の製作のために利用する場合を除いて，海獣類の捕獲とその生産物の輸入が禁止された．同じ年に，国連・人間環境会議が捕鯨の10年間の停止を決議した．この決議はIWCによって受け入れられなかったが，環境団体からの継続的な宣伝と圧力と，資源量と最大持続量の推定の困難さについて多くの科学者によって表明された懸念とが，遂にIWCに影響を与えた．1982年にIWCにおいてすべての商業捕鯨の一時停止が合意され，これが1986年に実施された．1980年代から1990年代にかけてIWCの過半数の国によってとられた保護主義に対抗して，ノルウェイ，フェロー諸島，アイスランド，グリーンランド，そしてカナダの一部が集まり，北大西洋における捕鯨の継続を願って，北大西洋海獣類委員会（NAMMCO）と称する管理機関をIWCと別に組織した．IWC自体の中では，ノルウェイは科学調査目的でミンククジラの捕獲を続け，1993年からは，年間200～300頭のミンククジラを捕獲する商業捕鯨を再開した［訳注：捕獲割り当て数は年々増加している］．日本は商業捕鯨の再開を目指して，陳情運動を続けている［訳注：日本はそれとともに，南極海と北西太平洋で，条約に基づくクジラ類捕獲調査を続けている］．

捕鯨の世界的な全面禁止に伴って，大型クジラ類の多くが回復の兆しをみせている．北西大西洋産のザトウクジラは1999年に1万600頭と推定され，よく調べられているメイン湾では，このクジラが年率6.5％で増加していることが知られた．東部太平洋のシロナガスクジラもまた回復の兆しがみられ，1990年代に2000頭と推定され，資源量の増加の傾向が示されている．しかしながら，いくつかの種のヒゲクジラ類の資源状態について，大きな関心が寄せられている．それは資源量が全体として少ないことと，人間に起因する死亡を含む，それに伴う種々の問題があるからである．北半球産のセミクジラのすべての資源が危険な状態にあり，北西大西洋では300頭より少し多いくらいの資源が残されており，北大西洋東部ではわずかに20～30頭しかいないとされている．オホーツク海と東北極海のいくつかの海域に分布するホッキョククジラ，太平洋西側系群のコククジラ，それに，いくつかの海域のシロナガスクジラはすべて，きわめて少ない頭数が残っているだけである．

変化しつつある海洋環境
新たな恐怖

ヒトとクジラとのこれまでにしばしばあった不幸な関係の物語は，今も終わっていない．もしも人間が商業捕鯨を永遠にやめたとしても，あるいはクジラの資源を持続的な方法で管理する十分な知識を獲得しても，クジラは人間がもたらす種々のその他の脅威に直面し続けるであ

ろう．世界の多くの地域において，人口の増加，工業の発展，食料のための海洋生物の漁獲，毒性廃棄物の排出など，海へのさらなる需要の増加によって，海洋環境が変化しつつある．音響による妨害は，海底石油や天然ガスの開発のための音響試験，海軍の大音響水中音波探知機，汽船の航行などによってもたらされる．

○上　人間が何らかの対策をとらない限り，世界のクジラ資源は依然として危険な状態にある．クジラに対する人間の関心は，すでに単純に捕鯨を抑える努力を拡大するだけでなく，アラスカのバロウにおいてパックアイス（叢氷）に閉じ込められた，このコククジラの場合のように，座礁したクジラやイルカを救出する作業にまで拡大している．

○左　1991年に国際捕鯨委員会（IWC）から脱退したアイスランドは，北大西洋で依然として捕鯨を続けている一握りの国の一つである［訳注：脱退後には捕鯨を続けてはいなかった．2002年に条約に復帰し，2004年から条約に基づく捕獲調査を開始した］．バルフィヨルダーにおける処理工場で，1頭の巨大なナガスクジラが，食肉として売られるために，解体されている．

○下　1人のダイバーが，アルゼンチンの沿岸で，セミクジラに寄り添って泳いでいる．セミクジラは平均体長14 m，平均体重22 tもある巨大な体にもかかわらず，体長2～3 mmにすぎない小さな甲殻類を食べて生きている．彼らは水面近くで口を開けながら泳いで，餌を食べる．

クジラへの長期的な影響を決定するのは困難であるが，それらの音に対する短期的な拒否反応は数種のクジラで観察されており，大音響にしばらくさらされると，それがクジラの聴覚に障害を与える原因となるようである．音のほかに，クジラは汽船との衝突によって傷害を受ける直接的な恐怖にさらされている．300頭しかおらず，最も絶滅の危険のある北大西洋産のセミクジラは，アメリカの東海岸で船との衝突の恐怖にさらされている．その他の新たな危険としては，世界の多くの地域で導入されている高速フェリーがあり，それらの船がマッコウクジラやゴンドウクジラのような泳ぎの遅いクジラと衝突するという事件がすでに起きている．

毒性の化学汚染，特に重金属，油脂，分解しにくい化学物質が，バルチック海，地中海，北海などの閉鎖海域で，クジラに深刻な悪影響をもたらしている．ネズミイルカのような沿岸性の種が，特に汚染によって傷つきやすい．時として，高濃度の汚染の負荷がイルカの病気と集団死につながっている．たとえば，1990年代の初期に，1000頭以上のスジイルカが地中海でウイルスに感染して死んでいる．このときに，このイルカの組織に高濃度のPCBが蓄積していたことがわかった．PCBは免疫系に影響を与えて，病気への抵抗力を弱める．

沿岸のリゾート施設の建設によって環境を破壊したり，海流の向きを変えたり，泥の沈殿を増やしたり，川の流れを調節するダムをつくったりすることが，すべてクジラに余分な負荷を引き起こす．最も弱いのは，カリフォルニア湾のコガシラネズミイルカや，揚子江にいるヨウスコウカワイルカのような，個体群の量が少なく，分布域が限られている淡水性と汽水性の種である．

クジラの多くの種に対する最も大きな脅威は，商業漁業によってもたらされるものかもしれない．漁船に独立監視員が乗船していれば，海洋生物の付随的な漁獲量を推定し，それを資源量と比較して，その漁業活動による死亡率が持続的でないことを示すことができるであろう．全世界の漁業によって混獲されて海に捨てられるだけで人間に利用されない海洋生物の量が，毎年2700万tに達すると推定されている．この数字は世界の漁獲量の4分の1にもなり，幅広いクジラの種がそれによって餌の摂取に影響を受ける．ヨーロッパと北アメリカの大陸棚上で，ネズミイルカが特に危険にさらされている．その沖合では，スジイルカ，マイルカ，ハシナガイルカ，マダライルカなどが，時として大量に捕獲される．大型クジラもある種の漁業の犠牲になり，特に希少な種にさらなる圧力を加えることになる．

餌をめぐってのクジラと漁業との直接の競合は，海洋生態系の管理において大変に困難な問題の一つであるが，さらなる圧力をクジラに加えることになる．特定の餌生物が乱獲によって減少すると，他の餌生物がそれに代わり，海洋生物集団が変化する．多くのクジラの種が幅の広い食性をもち，餌の種類を切り替えることができるが，その長期的な結果に関する知識はわれわれにはほとんどない．

最後に，工業の発達が広範な気候変動に影響してきている．この変動がクジラの資源に種々の結果をもたらしている．水温の上昇は特定の地域のクジラの種の組成に影響しているようである．気温の上昇による氷冠部の溶解に伴って，水面が上昇し，それが浅い海の生物集団に影響するであろう．また，嵐の発生頻度の増加が海の気候を不安定にし，多くのクジラが依存する，プランクトンの前線のシステムを破壊する結果になることが考えられる．これらの圧力のすべてが人間による直接の捕獲と同様な受難をクジラに対して引き起こすことはないかもしれないが，それにもかかわらず，もしもクジラという気高い生き物が海に光彩を与え続けてくれるのであれば，われわれはそれらの問題の解決に向けて真剣に取り組まなければならない．　　　　　PGHE

イルカ類
Dolphins

クジラ目

　ギリシャ神話の中で，抒情詩人アリオンを海賊から救ったイルカから，1993年のハリウッド映画「フリーウィリー」の主役の英雄的なシャチまで，イルカは常に人間に対して特別に訴えるものをもつ存在である．彼らの知能と発達した社会組織は，霊長類と——あるいはヒトとさえも——同等であり，彼らの人懐っこさと攻撃性に欠ける性質は，われわれ人間が共感をもてる存在たらしめているという人もいる．

　この人間中心的な見方は，最近変更が必要になっている．たとえば攻撃性は，イルカの性質の中で，まれな性質ではないことが明らかにされている．たとえそうであっても，イルカの学習能力，優れた社会性，水中での生活について知れば知るほど，イルカのそれぞれの種または個体群が，それぞれの地域の環境に適応して，非常に変化に富んだ習性と社会構造をもっていることに，われわれは驚かされる．

敏捷性と知能
形態と機能

　マイルカ科（Delphinidae）は，約1000万年前の中新世に進化した，比較的近代的なグループである．彼らはすべてのクジラ類の中で資源量が最も豊富であり，変化に富んでいる．

　大部分のイルカは，長い吻と，体の中央にある，後方に曲がる鎌形の背鰭をもつ，小型または中型の動物である．マイルカ科のイルカは，前方に曲がる三日月形をした1つの噴気孔（鼻孔）と，上下の顎に，機能的で間隔の離れた歯（10～224本，多くは100～200本）が生える．マイルカ科の大部分の種類は，前頭部にメロン（厚い脂皮層）があるが，コビトイルカのように，それが明瞭でない種類もいれば，イロワケイルカ属（Cephalorhynchus）の種類のように，メロンが全くないのもいる．ハナゴンドウと2種のゴンドウクジラでは，メロンは大きくて丸く，吻が明瞭でない．シャチとオキゴンドウのメロンの前部は丸く伸びて，吻がない．また，シャチは丸い櫂のような大きな胸鰭がついているのに対して，ゴンドウクジラとオキゴンドウの胸鰭は，幅が狭く，長く伸びた鎌形をしている．

　体色には種の間で幅広い差異があり，それらは種々の方法で分類できる．一つの分類の仕方は，均一（模様がないか，あるいは模様が均一に広がる），斑点（明瞭に境界のある彩色部を伴う），2層（黒白），の3つの型に分ける方法である．体色の違いは互いの個体を認識する助けになり，また体色は捕食時に餌生物に見つからずに接近するのにも役立つであろう．光がほとんど届かない深海で餌をとるイルカの体色はしばしば均一であり，一方，表層で餌をとるクジラの体色は2層であり，背側が黒くて腹側が白いので，上からみても下からみても，体が背景に溶け込んでみえる．ある種の体色の模様は捕食者に対する迷彩として機能するし，鞍型の模様は補色効果によって，

◐左　バンドウイルカは主として熱帯または亜熱帯の海に分布している．この個体はこの種に特徴的な短い吻をはっきりと出している．バンドウイルカはまた，下顎の先端にここにみられるような白い斑点があるのが普通である．

身を守るのに役立つ．また，斑点模様は，太陽の光にきらめく水に溶け込む．十字架模様には，体をはっきりみせる要素と，はっきりさせない要素とがある．

イルカは他のハクジラ類と同様に，仲間との交信は音に大きく依存する．イルカの音は，狭い周波帯で変調する連続音から，反響定位によって餌を追い掛けたり，おそらく餌を気絶させたりするのにも使われる，0.2 kHz から 80～220 kHz までの不連続音（パルス音）まで幅広い．イルカの連続音は特殊な習性に関連しているが，それが系統的配列をもった言語である証拠はない．

イルカはきわめて複雑な動作を行うことができ，また上手に他の個体のまねをして，特に音でそれを覚える場合に，長い間記憶することができる．ある試験によると，ゾウの能力に匹敵している．バンドウイルカは規則を一般化して，抽象的な概念を発展させることができる．イルカは体重に比して重い脳をもっている．成熟したバンドウイルカの体重は 130～200 kg であるが，脳重は約 1600 g である．これと比較して，ヒトの体重は 36～95 kg，脳重は 1100～1540 g である．バンドウイルカはまた，霊長類にも匹敵しうる，発達した大脳皮質の皺をもっている．これらの特徴は，バンドウイルカが高度の知能をもっている証拠であると考えられる．

脳の組織はそれをつくるのに代謝的に高価であり，それゆえに脳が大きな利益なしに進化したとは考えられない．クジラのもつ大型の脳（すべてのクジラの種が大きな脳をもってはおらず，ヒゲクジラ類の脳は体重に比較して小さい）に関して，いくつかの異なる機能が記述されている．一つの示唆として，聴覚情報の処理には，視覚よりも大きな情報の「貯蔵」の場が必要であるということがある．

○左　跳躍するバンドウイルカ．イルカはサカナを追い立てたり，性的誇示のためにこの行動を利用するらしいが，時には楽しみのためだけで跳躍することもある．このような優雅で敏捷な誇示行動が，イルカに対する人間の特別な想像力をかき立てるのであろう．

○下　バハマ諸島におけるタイセイヨウマダライルカの子供．多くのイルカのこのような様子は，海面近くの光がイルカの体色をまわりの色と掻き混ぜて，姿をぼやかすので，彼らの餌や敵から身を隠すのに役立っているのだろう．

イルカ類　dolphins

目：クジラ目　Cetacea
科：マイルカ科　Delphinidae
17 属　少なくとも 36 種
マイルカ属（*Delphinus*）3 種，スジイルカ属（*Stenella*）5 種，カマイルカ属（*Lagenorhynchus*）5～6 種，イロワケイルカ属（*Cephalorhynchus*）4 種，ウスイロイルカ属（*Sousa*）3 種，バンドウイルカ属（*Tursiops*）2 種，セミイルカ属（*Lissodelphis*）2 種，ゴンドウクジラ属（*Globicephala*）2 種

分布：全海洋．

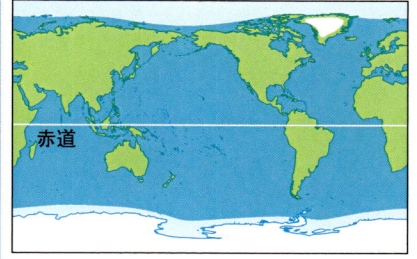

生息環境：一般に大陸棚の上，外洋にもいる．

大きさ：体長はコシャチイルカの 1.2 m から，シャチの 7 m まで．体重はそれぞれの種で，40 kg から，4.5 t まで．

形態：嘴状の吻（ネズミイルカ類は吻なし），円錐状の歯（ネズミイルカ類は鋤状の歯），体はほっそりとした流線型．背鰭は鎌状，三角形，あるいは円状，背鰭は背部の中央にある．セミイルカ類は例外で，背鰭がない．

餌：基本的にはサカナとイカ．シャチはそのほかに海獣類や海鳥類を食べる．

繁殖：妊娠期間は 10～16 か月（シャチ，オキゴンドウ，ゴンドウクジラ，ハナゴンドウは 13～16 か月，その他は 10～12 か月）．

寿命：50～100 年（シャチ）．

後掲の「イルカの種類」を参照のこと．

○下　13種のイルカ類の外形．(1) バンドウイルカ，(2) シワハイルカ，(3) タイセイヨウカマイルカ，(4) タイセイヨウマダライルカ，(5) マイルカ，(6) セミイルカ，(7) ハラジロカマイルカ，(8) アフリカウスイロイルカ，(9) カズハゴンドウ，(10) イロワケイルカ，(11) オキゴンドウ，(12) シャチ，(13) ハナゴンドウ．

その他の説明としては，クジラは陸上哺乳類の小さな脳で行うのと同じ程度の仕事をこなすには，大きな脳が必要であるということである．第3の仮説は，脳は社会的進化に重要な役目を果たし，親の子供の世話，索餌と防衛のための協力，社会的絆を保つために群れの他の個体を識別することなどが，脳の発達を促すというものである．

イルカの攻撃性の欠如がしばしば誇張されているが，バンドウイルカやおそらくハシナガイルカは，飼育下では支配階層を発達させて，強い個体が弱い個体に対して，頭で当たったり，大きな口を開けて威嚇したり，顎で叩いたりして，攻撃する．闘争は野生状態でも観察される．1頭の個体が他の個体の背中を歯で引っかいたりして傷つける．また，バンドウイルカが，マダライルカやハシナガイルカのような，自分より小型の種を攻撃する例が知られており，ネズミイルカを殺すことも知られている．

■ 異なる食性，異なる形
▎食性

種によって餌の種類が異なることが，イルカの体型や歯の状態の違いに反映している．たとえば，主としてイカを食べる種の大部分は，前頭部が丸く，吻がはっきりせず，歯の数が少ない．

海獣や海鳥も食べるシャチは，特に前頭部が大きい．一つの説として，この形はすばしこく泳ぐ餌の形態と位置を正確に捉えるために，メロンで絞った信号音を餌の体に当て，それを受信するように適応した結果であるという．主としてサカナを食べる種以外のマイルカ科の種は，機会があればどのような種類の餌でも食べる食性であり，食べられる大きさの動物に遭遇したときには，おそらく何でも捕まえるのだろう．バンドウイルカやウスイロイルカのような種は，底生のサカナや外洋性のサカナも食べるが，基本的には沿岸性の動物を食べている．スジイルカ属（*Stenella*）やマイルカ属（*Delphinus*）の種は，それらより外洋性であり，外洋に出て，カタクチイワシ，ニシン，シシャモなどの表層性のサカナや，ハダカイワシのような深海性のサカナを含む，群集性のサカナを食べる．

大部分のイルカはイカやエビも食べる．イルカの種によるこれらの餌の種類の重なりは，イルカの種間の競合の程度を決めるのを難しくしている．同じ餌を共有することを避ける一つの方法は，類似した餌を必要とするイルカの種が生活の仕方を変えることである．東太平洋の熱帯域において，マダライルカは外洋の表層にいるサカナを大量に食べるが，これと類似したハシナガイルカは深海性のサカナを食べる．また，両者は違った時刻に索餌をする．

外洋性のイルカは，100頭またはそれ以上の群れをつくって移動する傾向があり，共同してサカナの群れを捕らえるらしい．沿岸性のイルカは普通2～12頭の小さな群れをつくる．それはおそらく彼らが餌密度の低いところで索餌しているからであろう．外洋においては，イルカの群れは20m～数kmにも広がっている．5～25頭の小さなグループが，大きな群れの中で集合する傾向がある．イルカは効率的な旅を確実にするために，水中の急斜面などを目印にし，それに沿って移動したり，海流を利用したりもする．もしもサカナの大群が現れると，イルカは一緒になって索餌活動に入る．索餌活動中のイルカは，時

には気が狂っているかのように暴れ回るが，実際には仲間が協力して，サカナの群れを硬いボールのように密集させている．その上で，口一杯にサカナを頬張るのである．

電波標識を用いた研究によって，バンドウイルカの場合で 125 km², ハラジロカマイルカで 1500 km² の，縄張りをもつことがわかった．また，バンドウイルカが 28 年以上もの期間，何代にもわたって同じ縄張りをもっていることが理解された．マダライルカの 1 頭の個体が 1 年間に 1800 km 以上移動したことがわかったが，外洋性のイルカではそのような行動はまれではない．

■ **家庭はグループがいるところ**
社会行動

個体が自由に群れを出たり入ったりする，開放的な社会構造を，大部分のイルカの種がもっているが，ゴンドウクジラやシャチのような一部の種は，もっと安定的な群れを構成しているようである．ヒレナガゴンドウの場合には遺伝資料から，またコビレゴンドウの場合には観察資料から，交尾の機会があるときには，類縁関係のない 1〜2 頭の成熟雄が群れに加わることがあるが，1 つの群れは原則的に類縁関係のある雌とその子供で構成されていることが示唆されている．一人前に成長した子供は雄も雌も，母親と一緒の群れにとどまる．しかしながら，成熟した息子は交尾のためにいくつかの群れの間を移動し，再び母親の群れに戻る．バンドウイルカの群れは，雄，雌，子供，あるいは複数の親子からなる家族集団を構成するようである．そして，この家族集団が集まって大きな群れをつくる．中には，性や年齢によって分かれた群れをつくることもある．バンドウイルカの間には，雄同士の強い絆が存在する証拠がある．このイルカの繁殖体制はまだ不完全にしか理解されていないが，一般的に乱交のようである．種類によってはしばしば体表に傷が観察されるが，これは雄に多いようである．このことは，交尾対象の雌を獲得するために，雄同士が闘争することを示唆している．一夫多妻の状態もあるかもしれないが，交尾の仕組みがどのようであっても，雄と雌，雄と子供の絆は比較的弱い．

少なくとも低緯度海域では，夏季に出産の盛期があるのが普通であるが，性行動は 1 年中みられる．1 頭の子供が産まれると，その子供は数か月間母親と一緒にいる．そして，母親は 3 年半もの間，餌と一緒に乳を子供に与え続ける．したがって，多くのイルカの種は少なくとも 2〜3 年の間隔で繁殖する（シャチやゴンドウクジラではそれが 7〜8 年になる）．性成熟年齢はおそらく，イロワケイルカ，ハシナガイルカ，マイルカにおいては 5〜7 年，雄のシャチでは 16 年，大部分の種では 8〜12 年である．

多くの種が餌を求めて季節的に回遊する．それは緯度による回遊もあるが，普

○右　傷がたくさんついたハナゴンドウの雄．このような目立った傷跡は，餌の縄張りまたは生殖のための闘争が原因と考えられる．

通は沿岸と沖合の間で行われる．出産場は沿岸の海流からの乱流の少ない沖合の海域にあるらしいが，それらは不連続でほとんど特定されていない．数種のイルカはその後に，老いも若きも，岩礁や海山のまわりに集まる餌を利用するために，浅い海に移動するらしい．

イルカは群集性であり，1000頭以上の大きな群れが長距離を移動するが，餌がたくさん集まっている海域でのみ，そのような群れがつくられる．大抵の場合に，群れの構成員は流動的であり，数週間あるいは数か月のうちに群れに入ったり離れたりし，長い間同じ群れに残る個体はごく少数である．シャチのような少数のイルカ類は緊密な関係が続くが，霊長類に典型的であるような，安定した，そしてよく発達した社会組織を示唆する例はイルカではまれである．イルカがどの程度，子供を養育したり，餌をとる際に互いに協力したりするかを決めるのは容易ではない．しかし，群れをつくる種類の中にそのような行動をとるイルカがいることを受け入れたとしても，同じような習性は，霊長類や食肉類，鳥類などでもみられる．

刺し網の問題
保護と環境

イルカの大きな群れが時々索餌場に集まる．そして，もしもこの場が漁場と一致すると，漁業との間に葛藤が生じる．多くのイルカが刺し網に掛かって死ぬ．イシイルカやネズミイルカのような沿岸性のイルカが最も危険であるが，1960年代末期から1970年代初期にかけて，東太平洋のマグロ巾着網漁業は，主としてハシナガイルカ，マダライルカ，マイルカなどを，年間15万〜50万頭混獲していた．その後，網に囲まれたイルカを逃がせる羽目板をつけたり，水面に浮きを並べたり，イルカの目につきやすい網をつくるなど，イルカが網から逃げることのできる種々の方法を導入したおかげで，死亡数が大幅に減少した．20世紀の終わりまでに，混獲数は年間約3000頭（アメリカは1995年からこの海域での漁業活動を終了したので，すべてアメリカ以外の数字）にまで減少した．

漁具によるイルカの混獲は，世界中の問題として続いている．北海での底刺し網は，年間数千頭の，この海域の資源が

集団座礁の謎

イルカが陸地に座礁しているのが，昔から目撃されている．実際に，1970年代までは，クジラに関する情報のほとんどすべてが，海岸で発見された死体から得られていた［訳注：かつては，クジラに関する知識のほとんどが，捕鯨やイルカ漁業によって得られたとするのが正しい］．それらの大部分は海中で死んで岸に流れ着いた個体であるが，中には生きて座礁した個体もいる．このような事例は，クジラの群れが集団で座礁したときに，最も人目を引く．そして，集団座礁の現象は，ゴンドウクジラやオキゴンドウで広く認められている．

集団座礁は特別な原因に関係していることがある．1989〜1992年に，数百頭のスジイルカがスペイン，フランス，イタリア，ギリシャの地中海沿岸一帯に打ち上げられたが，それらの個体はウイルスに感染していたばかりでなく，高濃度のPCBが体内に蓄積していた．それらの個体は餌が不足し，汚染物質が蓄積されていた脂皮のエネルギーを使った結果，病気に対する抵抗力を低めたことが示唆された．病気による集団死亡は，北アメリカの東海岸で，多くの種類のクジラ，特にバンドウイルカで報告されている．

生きたクジラの集団座礁の原因についてはほとんどわかっていない．多くの場合に病気や老齢で説明されているが，それでは1つの群れのすべての個体が，揃って岸に寄せることは説明できない．そこで，説明としては，大部分の座礁個体は指導者——通常は経験の豊富な老齢の個体（母系社会をもつ種類では正常では雌）に従っただけだということである．われわれが知る限りでは，集団座礁するクジラの種類はかなり安定的な群れをつくる傾向があり，外洋性で，水深の浅い沿岸域については不案内であり，おそらく方向感覚を失った結果らしい．この現象を説明するために用いられてきたその他の理論として，線虫が内耳に寄生し，クジラの体の安定性や反響定位の能力を妨げることや，水中爆発によって聴覚を攪乱させること，地磁気の攪乱，餌を追って不案内な海面や浅い海に迷い込むことなどがあげられている．

○下　座礁したヒレナガゴンドウ．ゴンドウクジラ類は他のクジラ類よりも集団座礁する例が多いようにみえる．しかしながら，それは単に彼らの資源量が多い結果かもしれない．

しゃれた身なりのハシナガイルカ
ハシナガイルカの群れ生活

水面から跳び出たほっそりとしたイルカが，素早く体をよじり，回転させる．この動作によって，すぐにこのイルカがハシナガイルカであると判別される．このイルカは，熱帯から亜熱帯にかけての海洋に分布している．

ハワイのハシナガイルカは波静かな湾の中や浅い岸辺に沿って，日中は休んだり，群れをつくったりして生活している．その群れは普通10～100頭が固まっている．夜は岸から1kmくらい離れた沖合に移動して，餌をとりに100mもの深さに潜る．そのときは群れが分散する．

同じ群れをつくるのは1日限りであり，夜の間にそれぞれの個体が仲間を替えて，明け方岸に向かうときまでに，群れの構成員の一部が入れ替わる．しかしながら，4～8頭からなる，おそらくは類縁関係のある個体は，4か月あるいはそれ以上長く，同じ小さなグループにとどまって，それぞれがグループとして意識的に友好関係を変えるので，群れの仲間の取り替えは無作為ではない．いくつかの個体の間の結びつきは生涯続く．

このイルカの群れの広がりは，日中は岸に沿って100kmにもなるが，小グループはそれぞれ好きな「家庭の場所」をもっている．浅い海は普通沖合よりも波が静かであり，休んだり，仲間との関係をもったりするのに都合がよく，イルカを襲う外洋性のサメは，そこでは少なく，容易に判別できる．

ハシナガイルカは，自分の縄張りから離れたところにいる仲間，そしてもっと遠く離れている同種の個体を認識できるらしい．長い間離れていた後に仲間に会うと，跳躍し，体を回転させ，尾鰭で水面を叩くなどの行動をみせる．そしてまた，声を盛んに出すが，これは挨拶の儀式らしい．

ハワイのハシナガイルカは，防衛のために有利な海岸線をもっている．外洋では，ハシナガイルカはマダライルカと混群をつくり，相互防衛戦略をとっている．すなわち，ハシナガイルカは夜に索餌し，マダライルカは大抵昼に索餌するので，互いの休息時間に外洋性のサメの突然の攻撃の危険に対して，助け合うことができる．

外洋性のハシナガイルカは，2～3か月の間に数千kmもの海域を移動する．このハシナガイルカの社会的類縁関係は，ハワイのハシナガイルカと同じかどうかは知られていない．おそらく，5000～1万頭の群れで旅をする外洋性のハシナガイルカは，ハワイの沿岸海域で構成員を交換している個体群と同じ類縁関係にあるだろう．

また，イルカの習性についてのさらなる局面も認識されている．マグロの巾着網に掛かったイルカは，死んだふりをしているように静かに水面に横たわる（厳密にはショックによるらしいが）．このようなイルカは以前には死んだと思われて，船の甲板に引き上げられ，そこで実際に死んでしまった．今では網を監視するダイバーが網のまわりの小船に乗っている同僚に合図して，動かないでいるイルカを網の縁から手で捕まえて，網の外に出して助けるようにしている．何頭かのイルカは捕まえ損なうけれども，ダイバーたちは網に絡まったイルカを助けるのに全力を尽くしている．これは人間と動物とが共存しようとする努力のよい例である．
BW/RSW

○下　ハワイにおけるハシナガイルカの一つの群れ．アメリカにおける統計によれば，漁業によるイルカの混獲数は，1972年の18万頭から，1993年には100頭に減少している．

維持できなくなるほど多くのネズミイルカを殺している．デンマークとイギリスの沖ではごく最近，音響警報機のような混獲防止法が，ある条件の下ではかなりの混獲量を減少させることが示されている．このような技術は今や広く応用されているが，すべての場合に効果的であることはないだろう．

あまり明確でないが，イルカにとっての脅威は，毒性化合物による沿岸の汚染と，船舶による妨害である．イギリスにおける最近の座礁の研究により，高濃度の汚染の負荷がイルカに病気を引き起こすことが見出され，同じことが地中海西部と南カリフォルニア沖のマイルカとバンドウイルカの研究でもわかっている．沿岸域でのリクリエーションのためのモーターボートなどの種々の交通手段の台頭は，その海域に分布するバンドウイルカのようなイルカに脅威を与えている．一方，世界のいろいろな水域に高速フェリーが導入されて，ゴンドウクジラなどのクジラと衝突するようになった．

イルカ漁は世界中で行われてはいない．この漁業は日本と南アメリカで行われ，そして熱帯の島でも小規模に行われている．最近まで，大量のマイルカが黒海で捕獲されていた（1983年に捕獲が法律で禁止されるまで，トルコは年間4万～7万頭を捕獲していた．しかしながら，密漁は依然として続いている）．最後に，特定なサカナの種類をめぐってイルカが直接漁業と競合していることは，食料獲得のために海洋環境の利用を増加させている人間にとって，イルカは重要な潜在的脅威となるかもしれない．
PGHE

イルカの種類

イルカの分類は複雑であり、マイルカ属 (*Delphinus*)、スジイルカ属 (*Stenella*)、ウスイロイルカ属 (*Sousa*)、コビトイルカ属 (*Sotalia*) のような、いくつかの属に属する種は、実際上外形では判別ができないという事実がある。論争はまだ残っているが、一緒に生活しているが吻の長さの違うマイルカ類の少なくとも2つの種(マイルカとハセイルカ)については、現在では、形態的差よりも遺伝的分析の方に比重が増している。マダライルカ類については、今ではマダライルカとタイセイヨウマダライルカの2種が認識されており、ハシナガイルカ類についても、最近ハシナガイルカとクリーメンイルカの2つの種に分類された。

世界の遠距離に位置する個体群についての研究がさらになされるにつれて、疑いもなく、それらは別の種類である事実が明らかになり、同じ属の間で種がさらに分かれることになろう。たとえば現在、バンドウイルカ属 (*Tursiops*) の中でバンドウイルカとミナミバンドウイルカが認識されており、後者は遺伝的に前者と判別されるが、後者は腹部に斑点があり、形態的にも前者と差がみられる。それらのグループの中には、沿岸型と沖合型の2つの個体群が存在し、それらは形態的にも、遺伝的にも、相違する種もある。インド‐太平洋動物相における各個体群の間の差異は、疑いもなく明確である。以下の分類表は、Rice (1999) に従っている。

● **イロワケイルカ   Commerson's dolphin**
Cephalorhynchus commersonii
南アメリカ南部とフォークランドから、おそらく南極海のケルゲレン島までの、冷たい海に分布する。
HTL：1.2～1.4 m, WT：約 50 kg.
形態：背中は濃い灰色で、大きな白薄青灰色の雨合羽のような形の模様が体の前から腹まで降りている。肛門部は黒色、白色部が喉から顎にかけて伸びる。暗灰色部が前頭部に境界をつける。吻から首、胸鰭にかけて幅広い帯状の模様がある。胸鰭は丸く、黒い。体の中央に低く、丸い背鰭がある。短く丸い前頭部には、メロンがなく、非常に短い吻がついている。体は小さく、頑丈で、魚雷型である。

● **チリイロワケイルカ   black dolphin**
Cephalorhynchus eutropia
チリ沿岸に分布する。
HTL：約 1.6 m, WT：約 45 kg.
形態：背中、脇腹、腹部の一部が黒色であり、咽頭部、胸鰭の裏側、肛門付近は種々の広がりの白色。両顎の唇の部分には、幅の狭い、薄い灰色か白い縁どりがある。時として灰色部分が鼻孔のまわりに存在する。体の中央部に、頂点が丸く、三角形をして、後ろの縁が長く伸びる背鰭がついている。前頭部は短くて丸く、メロンがなく、非常に短い吻をもつ。体は小さく、頑丈で、魚雷型であり、尾部の上下は竜骨状に尖っている。

● **コシャチイルカ   Heaviside's dolphin**
Cephalorynchus heavisidii
沿岸性。南アフリカの西海岸に分布する。
HTL：1.2～1.7 m, WT：約 40 kg (最大 74 kg).
形態：背中と脇腹部が黒色、腹側が白色で、胸鰭の前後と、肛門部から脇腹に沿って尾部にかけて白色部が伸び、3か所で白色部が上に伸びる。小さな、卵形をした黒色の胸鰭と、体の中央部に、低い、三角形の背鰭がついてくる。短く丸い前頭部には、メロンがなく、はっきりした吻がない。体は小さく、かなりずんぐりして、魚雷型である。

● **セッパリイルカ   Hector's dolphin**
Cephalorynchus hectori
ニュージーランドの沿岸海域に分布する。
HTL：1.2～1.4 m, WT：約 40 kg.
形態：肛門のまわりは青白色から濃灰色。円形で黒色の胸鰭と、体の中央部に低い円形の背鰭がある。短く丸い前頭部には、メロンがなく、短い吻がついている。体長は短く、ずんぐりしていて、魚雷型であり、尾柄は徐々に幅が狭くなる。
保護の状態：En. 北島の亜系群は、Cr.

● **シワハイルカ   rough-toothed dolphin**
Steno bredanensis
熱帯から温帯にかけての外洋域に分布する。
(雄) HTL：2.3～2.4 m, WT：約 140 kg.
(雌) HTL：2.2～2.3 m, WT：約 120 kg.
形態：背部および尾柄部は暗灰色ないし暗紫灰色であり、喉と腹部は白色。紅白色の斑点が尾柄から腹部にかけて広がり、しばしば白い筋状の傷痕がみられる。体の中央部に鎌形をした背鰭がある。前頭部との境界のはっきりしない長く細い吻があり、上下片方または両方の唇と吻の先端を含み、前頭部の両側が白色あるいは紅白色である。体はほっそりとした魚雷型であり、尾柄の上下は竜骨状である。

● **アフリカウスイロイルカ   Atlantic humpbacked dolphin**
Sousa teuszii
西アフリカの沿岸水域または淡水域に分布する。シナウスイロイルカと体型はよく似ているが、歯の数が少なく、脊椎骨数が多い。
HTL：約 2.0 m, WT：約 100 kg.
形態：体型と体色には個体差がある。背中と脇腹は暗灰白色であり、尾柄の下部から腹部にかけてそれが淡くなる。子供の体色は全体が一様の薄いクリーム色である。小さいけれども目立つ三角形の背鰭が体の中央部に位置する。背鰭は子供のときは鎌形であるが、その後は丸くなる。胸鰭は丸い。長く細い吻がついた前頭部には、小さなメロンが乗っている。体は太った魚雷型であり、背部の中央にはっきりした盛り上がりがあり、その上に背鰭が乗っている。尾柄の上下は、はっきりした竜骨状をなす。

● **シナウスイロイルカ   Indo-Pacific humpbacked dolphin**
Sousa chinensis
東アフリカからインドネシア、南中国にかけての沿岸水域に分布する。
HTL：2.0～2.8 m, WT：約 85 kg.
形態：体型と体色には個体差がある。背中と脇腹は暗灰白色であり、普通で脇腹の下部でそれが淡くなり、腹部は白色。成熟個体は体に黄色、桃色、褐色の斑点が広がるが、子供の体色は一様に淡いクリーム色である。体の中央部に小さいけれども目立った三角形の背鰭があり、子供のときは背鰭である が、後に丸くなる。胸鰭は丸い。背鰭と胸鰭の先端が白い個体もいる。長く細い吻（中には先端に白い斑点のある個体もいる）がついている。前頭部には小さなメロンが乗っている。体は太った魚雷型であり、背部の中央にはっきりした盛り上がりがあり、その上に背鰭が乗っている。尾柄の上下ははっきりした竜骨状をなす。

● **インドウスイロイルカ   Indian humpback dolphin**
Sousa plumbea
東アフリカからタイにかけての沿岸水域に分布する。シナウスイロイルカと大きさや形は類似するが、体色はもっと濃い。シナウスイロイルカの同種異名(シノニム)とする研究者もいる。

● **コビトイルカ   tucuxi**
Sotalia fluviatilis
南アメリカ北東側と中央アメリカ東側の、オリノコ河、アマゾン河水系と沿岸水域に分布する。
HTL：1.4～1.8 m, WT：36～45 kg.
形態：体色は地域と年齢によって相違し、背部と脇腹の上部は褐色気味の暗灰色であり、脇腹の下部から腹部にかけては明るい灰色であり、時に黄土色の斑点がみられる。また、脇腹部において、上に向けて2本の淡い灰色の部分が伸びる。年齢とともに体色が淡くなり、黄白色になることもある。体の中央部に小さな三角形をした背鰭が位置する。比較的大きな、スプーン形の胸鰭がついている。丸い前頭部の先端が伸び、その上側が暗灰色で、下側がそれより淡い。体は小型で、太った魚雷型である。オリノコ河水系の個体群(以前は別種 *S. guianensis* と認識されていた)は、一般に体色が濃く、褐色の帯が肛門から脇腹を通って背鰭まで斜めに伸びている場合もある。

● **バンドウイルカ   bottlenose dolphin**
Tursiops truncatus
大西洋と北太平洋の、大部分の熱帯、亜熱帯、温帯の沿岸水域に分布する。
HTL：2.3～3.9 m, WT：150～200 kg.
形態：普通は背中が暗灰色であり、脇腹はそれより淡い灰色で、腹部が白か紅色にしだいに変化する。腹部に斑点がみられる個体もいる。高くて細い鎌形の背鰭が体の中央にある。頑丈な頭部の先に、はっきりした、短い吻がついていて、しばしば下顎の先端に白い斑点がある個体がいる。体は太った魚雷型であり、尾柄の上下がやや尖っている。

● **ミナミバンドウイルカ   Indian Ocean bottlenose dolphin**
Tursiops aduncus
太平洋、インド洋、紅海に分布する。
HTL：2.3 m, WT：150 kg.
時に体色はもっと濃いが、バンドウイルカと類似した形態をしている。バンドウイルカの同種異名とする研究者もいる。

● **タイセイヨウマダライルカ   Atlantic spotted dolphin**
Stenella frontalis
大西洋の亜熱帯から温帯にかけて分布する。
HTL：1.9～2.3 m, WT：約 100～110 kg.
形態：体色と斑紋は年齢と海域によって相違する。背中と脇腹の上部は暗灰色ないし黒色であり、脇腹の下部から腹部(喉の部分は時に紅色)にかけて、それが淡くなる。白い斑点が脇腹の上部に、そして黒い斑点が脇腹の下から腹にかけて広がる。しかし、それらの斑点は出生時にはみられず、年齢とともに広がる。斑点の広がりは北アメリカ沿岸の個体群では少ない。また、斑点の出現は北アメリカ沿岸の個体群では減少する。明瞭な濃灰黒色部が頭部から背鰭にかけて分布し、明瞭な淡い模様が脇腹から背にかけて背鰭の後ろまで広がる。細い鎌形の背鰭が体の中央部に位置し、胸鰭は薄い灰色から濃い灰色、あるいは紅色をしている。細長い吻がついており、上下の唇は白か紅色あるいは黒で、吻は前頭部とはっきり境界がある。沿岸系の個体群においては、ほっそりした個体から太った個体までおり、魚雷型であり、尾柄の下縁(時

●上　ペルー沿岸沖のミナミセミイルカの群れ．この種の俗名は，セミクジラと同様に，背鰭がないことに由来する．

には尾柄の上縁も）は，竜骨状にはっきり尖っている．

●**マダライルカ　pantropical spotted dolphin**
Stenella attenuata
太平洋，大西洋，インド洋の熱帯域に分布する．大きさと体形は，タイセイヨウカマイルカに類似するが，眼のまわりに黒色の輪があり，幅の広い黒色の筋（これは斑紋が増えるにつれて色褪せる）が胸鰭の根本から口の端まで伸びて，明るい灰色をした頭部が帯を掛けたようにみえる．
保護の状態：LR．

●**ハシナガイルカ　spinner dolphin**
Stenella longirostris
おそらくすべての熱帯海域に分布する．少なくとも4つの個体群に分かれる．
HTL：1.7～2.1 m，WT：約 75 kg．
形態：体色は背中が暗灰色，褐色ないし黒色，脇腹が明灰色，小麦色，あるいは黄褐色，腹側は白色（いくつかの個体群は紫色ないし黄色），胸鰭から眼にかけて黒色から明灰色の筋が走る．細くて直立したまたは鎌形の背鰭が体の中央にあり，背鰭の中央にしばしば明灰色の模様がある．比較的大きい黒色ないし明灰色の胸鰭がある．長くて細い吻が，前頭部と区別される．ほっそりした個体から太った個体までおり，体は魚雷型で，尾柄の上下の端は尖っている．
保護の状態：LR．

●**クリーメンイルカ　Clymene dolphin**
Stenella clymene
温帯から熱帯の大西洋に分布する．
HTL：1.8～2.1 m，WT：約 75 kg．
形態：背中は暗灰色，脇腹はそれより明るい灰色，腹部は白色．細い，鎌形をした背鰭と，比較的大きな暗灰色ないし明灰色をした胸鰭をもつ．吻は短いが，横からみると斜めにみえる前頭部との境界ははっきりしている．体はほっそりしているかやや太った魚雷型であり，尾柄の下縁は尖っており，その上縁も時に尖っている．

●**スジイルカ　striped dolphin**
Stenella coeruleoalba
地中海を含む全世界の温帯，亜熱帯熱帯域に分布する．
HTL：2.0～2.4 m（雄），1.85～2.25 m（雌），WT：約 70～90 kg（まれに 130 kg に達する）．
形態：背中が暗灰色から褐色または青灰色，脇腹は少し淡い灰色，腹部は白色．2本の明瞭な黒い筋が脇腹にみられ，その1本は眼から肛門部まで（これから派生する短い2次的な筋が胸鰭まで），他の1本が眼から胸鰭まで伸びる．大部分の個体がそのほかに黒色または暗灰色の指状の模様が背鰭の後ろから眼までの中間の位置まで前に伸びている．胸鰭は黒色．細い鎌形の背鰭が体の中央部についている．細く長い（しかしマイルカよりも短い）吻が前頭部と区別される．体はほっそりした魚雷型である．
保護の状態：LR．

●**マイルカ　common dolphin**
Delphinus delphis
地中海，黒海を含む，全世界の温帯，亜熱帯熱帯域に分布する．普通は外洋性．
（雄）HTL：1.8～2.2 m，WT：80～110 kg．
（雌）HTL：1.7～2.2 m，WT：70～100 kg．
形態：体色は変化に富む．背中から脇腹にかけては黒色あるいは褐黒色，胸部から腹部にかけては黄白色から白色，脇腹に砂時計状の模様がみられ，その前部は黄褐色ないし黄色，背鰭の後部は青みがかった灰色で，背中にまで広がっている．黒い筋が胸鰭から下顎の中央まで伸びる．胸鰭は黒色から明灰色あるいは白色（大西洋の個体群）をしている．細い鎌形あるいは直立した背鰭が体の中央にある．細い吻とはっきりした前頭部がある．体はほっそりした魚雷型である．

●**ハセイルカ　long-beaked common dolphin**
Delphinus capensis
北太平洋の東側に［訳注：西側にも］分布する．大きさと形はマイルカに似ているが，吻がそれより長く，1～2本の灰色の線が脇腹の下部に体軸に平行に走る．ごく最近マイルカから分かれた種と認められた．

●**アラビアマイルカ　Arabian common dolphin**
Delphinus tropicalis
アラビア海，アデン湾，ペルシャ湾から，インドのマラバル沿岸，南シナ海まで分布する．体の大きさや形はハセイルカに似ている．ハセイルカの分布から離れた個体群であると考える学者もいる．

●**サラワクイルカ　Fraser's dolphin**
Lagenodelphis hosei
世界の温暖な海域に分布する．
HTL：2.3～2.5 m，WT：160～210 kg．
形態：背中と脇腹はやや暗灰色，腹部は白色または紅白色．脇腹に2本の平行な筋があり，上の1本は黄白色で，眼の前の上から始まり，後方に走って，しだいに狭くなり，尾柄に達する．下の1本はより明瞭であり，暗灰色ないし黒色の帯が眼から肛門部まで伸びる．時にまた，黒色の帯が口から胸鰭まで走る．喉から顎にかけては白いが，下顎の先端は，普通は黒い．小さくて細い，やや鎌形の，先端が尖った背鰭が体の中央にある．非常に短い丸い頭に小さな吻がついている．体はかなり強健な魚雷型であり，尾柄には上下にはっきりした竜骨がある．

●**ミナミカマイルカ　Peale's dolphin**
Lagenorhynchus australis
アルゼンチン，チリ，フォークランド諸島の寒海に分布する．
HTL：2.0～2.2 m，WT：約 115 kg．
形態：背中は暗灰色から黒色，腹部は白色であり，眼の後ろから肛門にかけての脇腹に明灰色の部分がある．そして，その上方に，狭い白色の帯が背鰭の後方から後ろに尾柄まで薄い黒色の線が黒色の胸鰭の前部から眼まで伸びている．体の中央部に鎌形の背鰭がある．丸い頭に短い吻がついている．体は魚雷型である．

クジラ目

● ハナジロカマイルカ　white-beaked dolphin
Lagenorhynchus albirostris
北大西洋の温帯から亜寒帯の，主として大陸棚の上に分布する．
（雄）HTL：2.5～2.8 m，WT：300～350 kg．
（雌）HTL：2.4～2.7 m，WT：250～300 kg．
形態：背中の大部分は暗灰色ないし黒色であるが，背鰭の後ろの部分は青灰白色（これは若い個体では鮮明度が低い）．普通，背鰭近く，眼の後ろ，脇腹から肛門部には，暗灰白色の斑点が広がる．腹部は白．体中央部に高い（特に成熟雄の場合）鎌形の背鰭がある．前頭部は丸く，それに短くて灰色または白色の吻がついている．非常に太った魚雷型の体で，非常に厚い尾柄をもつ．

● タイセイヨウカマイルカ　Atlantic white-sided dolphin
Lagenorhynchus acutus
北大西洋の温帯から亜極帯にかけての，大陸斜面とその沖に主として分布する．
（雄）HTL：2.1～2.6 m，WT：215～234 kg．
（雌）HTL：2.1～2.4 m，WT：165～182 kg．
形態：背は黒，腹は白，脇腹は灰色．長い白色の卵型の斑点が背鰭の下から肛門の上の部分まで広がる．白色の斑点の前縁の少し後ろから尾柄にかけて，黄色の帯が伸びる．体中央に位置し，比較的高く先端が尖った鎌形の背鰭がついている．前頭部は丸く，それに短くて黒い吻がついている．体は太った魚雷型であり，非常に太い（特に成熟雄で）尾柄が尾鰭の付け根で狭くなる．最近，何人かの専門家が本種に対して，別の属 *Leucopleurus* を立てた．

● ハラジロカマイルカ　dusky dolphin
Lagenorhynchus obscurus
HTL：1.8～2.0 m，WT：約115 kg．
形態：背部は暗灰黒色，腹部は白色．灰色の部分（色調は変化する）が吻の付け根または眼から肛門までの脇腹下部に広がる．明るい灰色から白色の部分が脇腹の上部において，背鰭の下から２つの斑点として後ろに伸び，肛門の上で合わさり，尾柄部で終わる．体中央部の鎌形の背鰭は，同じ属の他の種よりもやや立っていて，普通背鰭の後部は青灰色である．前頭部は丸く，非常に短くて黒い吻がついている．体は魚雷型である．

● カマイルカ　Pacific white-sided dolphin
Lagenorhynchus obliquidens
北太平洋の温帯海域に分布する．
HTL：1.9～2.0 m，WT：約150 kg（雄は雌より少し大きい）．
形態：背部は暗灰色または黒色，腹部は白色，黒い脇腹で，大きく青灰色をした卵形の部分が背鰭の前，胸鰭の上から眼の前まで伸びている．眼は暗灰色または黒色の線で囲まれている．狭い青灰色の筋が眼の上から体側に沿って肛門まで伸びる．ここでこの筋は幅が広がって消える．青灰色の斑紋が体の中央部に位置し，鎌形をした背鰭の後部まで広がっている．前頭部は丸く，非常に短くて黒い吻がついている．体は魚雷型である．

● ダンダラカマイルカ　hourglass dolphin
Lagenorhynchus cruciger
南大洋の冷海に，おそらく周極的に分布する．
HTL：1.6～1.8 m，WT：約100 kg．
形態：背部は黒色，腹部は白色で，２本の大きな白い部分が，黒い脇腹の前方では背鰭の前から黒い吻まで，後方では尾柄まで広がり，幅の狭い白色の帯につながる．白く，変化に富んだ広がりの部分がある．体の中央に位置し，鎌形の背鰭の前縁は，通常は強く曲がっている．前頭部は丸く，非常に短くて黒い吻がついている．体は魚雷型である．

● セミイルカ　Northern right whale dolphin
Lissodelphis borealis
北太平洋の温帯域の外洋に分布する．
HTL：2.1～3.1 m，WT：約70 kg．
形態：背と脇腹は黒く，臍のまわりまで伸びる．腹は白く，個体によっては胸鰭のまわりの脇腹まで伸びるので，その先端部だけが黒い．他の個体の胸鰭はすべて黒い．子供の背と脇腹は灰色から褐色である．背鰭はない．頭部には丸くはっきりした吻があり，白い帯が下顎の下にある．体は小さく，ほっそりした魚雷型であり，はっきりした竜骨が尾柄の上にみられる．

● ミナミセミイルカ　Southern right whale dolphin
Lissodelphis peronii
南大洋の外洋域に，おそらく周極的に分布する．
HTL：1.8～2.3 m，WT：約60 kg．
形態：背と脇腹は黒く，腹の白色部分は，上に広がり，胸鰭の後ろから頭部の眼の前まで広がるので，背中のその部分はすべて白色である．胸鰭はすべて白い．背鰭はない．頭部は丸く，はっきりした吻があり，白い帯が下顎の下にある．体は小さく，ほっそりした魚雷型であり，尾鰭の腹側は白い．

● ハナゴンドウ　Risso's dolphin
Grampus griseus
世界の温帯から熱帯の海に分布する．
（雄）HTL：3.5～4.0 m，WT：約40 kg．
（雌）HTL：3.3～3.5 m，WT：約35 kg．
[訳注：これらの体重は軽すぎる．雄約400 kg，雌約350 kgであろう]．
形態：背中と脇腹は暗灰色から明灰色．年をとると，特に背鰭の前縁が淡くなり，頭部は真っ白になる．成熟個体の脇腹に多くの傷痕がみられる．腹部は白く，喉から頸部にかけて卵形の斑点が広がる．胸鰭は長くて黒く，先端が尖っている．体の中央に，高くて鎌形の背鰭（成熟した雄はより高く立つ）がある．前頭部は丸く，小さなメロンがついている．吻はない．太った魚雷型の体で，背鰭の後ろから細くなり，尾柄部はきわめて細い．

● カズハゴンドウ　melon-headed dolphin
Peponocephala electra
おそらくすべての熱帯の海に分布する．
HTL：2.3～2.7 m，WT：約160 kg（雄は雌より少し大きい）．
形態：背中と脇腹は黒く，腹はやや明るい色をしている．肛門部，生殖溝部，それに唇部は青灰色か白色．胸鰭は尖っている．体中央部に鎌形の背鰭がある．頭部は丸く（前頭部はユメゴンドウよりもやや尖っているが），やや垂れ下がり気味の顎をもつ．体はほっそりとしていて，尾柄部は細い．

● シャチ　killer whale
Orcinus orca
全世界の海洋に分布する．
（雄）HTL：6.7～7.0 m，WT：4000～4500 kg．
（雌）HTL：5.5～6.5 m，WT：2500～3000 kg．
形態：背と体側は黒，腹の白が脇腹に伸び，白い卵形の斑紋が眼の上と後ろにある．丸い櫂形の胸鰭がある．体の中央にある背鰭は，雌と子供では鎌形であるが，雄の背鰭は高く，まっすぐに伸びる．頭部は幅広く丸い．体は魚雷型である．
保護の状態：LR．

● ユメゴンドウ　pygmy killer whale
Feresa attenuata
おそらく世界の熱帯から亜熱帯にかけての全海洋に分布する．
HTL：2.3～2.7 m（雄），2.1～2.7 m（雌），WT：150～170 kg．
形態：背部は暗灰色または黒色，脇腹はそれより淡い．脇腹の下部の肛門から尾柄にかけてと唇のまわりに，小さいが人目を引く白い帯がある．頬部は完全に白い．胸鰭の先端はやや丸い．体の中央に鎌形の背鰭があり，丸い頭に垂れ下がった顎がついている．体はほっそりとしている．

● オキゴンドウ　false killer whale
Pseudorca crassidens
主として熱帯から温帯の全海洋に分布する．
（雄）HTL：5.0～5.5 m，WT：約2000 kg．
（雌）HTL：4.0～4.5 m，WT：約1200 kg．
形態：胸鰭の間の腹部の灰色の斑紋を除いて，全身黒色．胸鰭の前縁の中央部が大きく曲がっている．高くて鎌形の背鰭が体の中央からすぐ後ろに位置する．背鰭は時に先端が尖っている．細く先細の頭に垂れ下がり気味の下顎がついている．長く，ほっそりした体をしている．

● ヒレナガゴンドウ　long-finned pilot whale
Globicephala melas
大西洋産．亜種の *G. m. edwardi* が南半球のすべての海に分布する．
（雄）HTL：5.5～6.2 m，WT：3000～3500 kg．
（雌）HTL：3.8～5.4 m，WT：1800～2500 kg．
形態：背と脇腹は黒色，頬部に灰白色の碇形の模様，腹部に灰色の部分がある．それらはともに広がりと色の濃さ（若い個体は明るい色）に個体差が大きい．灰色の背鰭をもつ個体もいる．長い鎌形の胸鰭があり，かなり低い背鰭は体中央より少し前につき，その基部は長く，鎌形（成熟雌と子供）から旗形（成熟雄）まである．特に成熟雄では，頭が四角く，膨らんだ形をして，上唇がやや突き出ている．頑丈な体つきをしている．

● コビレゴンドウ　short-finned pilot whale
Globicephala macrorhynchus
世界の熱帯，亜熱帯の海域に分布する．北太平洋産の本種はおそらく別の型であろう．
（雄）HTL：4.5～5.5 m，WT：約2500 kg．
（雌）HTL：3.3～3.6 m，WT：約1300 kg．
形態：背，脇腹，そして大部分の腹の体色は黒で，頬に碇形の模様と腹部に灰色（若い個体の色はもっと明るい）の部分がある．長い鎌形の胸鰭があり，かなり低い背鰭は体の中央より少し前についており，背鰭の基部は長く，鎌形から旗形をしている．特に年とった雄の頭部は四角く膨らんでおり，上唇がやや伸び，頑丈な体つきをしている．
保護の状態：LR．

● カワゴンドウ　Irrawaddy dolphin
Orcaella brevirostris
ベンガル湾から北オーストラリアの沿岸水域に分布する[訳注：メコン河，メナム河，イラワジ河の淡水域にも分布する]．
HTL：2.0～2.5 m，WT：約100 kg．
形態：背と脇腹は青灰色で，腹は淡い灰色．太った魚雷型の体で，頭部は丸く，明瞭なメロンがある．吻はない．小さな先端の丸い鎌形の背鰭が体中央部より少し後ろに位置する．かつてイッカク科（Monodontidae）の仲間と見なされていたこともある．

イルカの1日
ハラジロカマイルカの気分

滑らかで流線型をしたイルカが，アルゼンチン南部のゴルフォサンホゼの沿岸で，ゾディアックゴムボートのまわりを飛び跳ねている．ダイバーたちが冷たい水の中に入ると，15頭の群れが，別の世界からきた見知らぬ存在を恐れることもなく，ダイバーたちの手の届く距離にまで近づいて，上になったり下になったりの行動を繰り返す．

このイルカはハラジロカマイルカであり，このような遊び行動は，その直前に食事したり，群れをつくったことを示唆している．というのは，ハラジロカマイルカは空腹だったり，疲れたりしているときは，それと違った気分であり，ヒトと触れ合うことはしないのである．

季節や日の違いもまた，彼らの行動に影響する．この小さな丸っこい形をしたイルカは，夏の午後はカタクチイワシを食べて過ごす．夜間は，6〜15頭の小さな群れをつくって，岸から1km離れたところで過ごす．大型のサメやシャチの危険が近づくと，彼らは岸に退却して，波打ち際の波に隠れる．

朝になると，イルカは，互いに10mの間隔を保って，岸から2〜10km離れた深い海に移動する．したがって，15頭の群れでは，150mまたはそれ以上の距離に広がる．彼らは餌を探すのに，反響定位の機能を使う．そして，彼らは広がって行動しているから，海の広い範囲を探索できる．もしも彼らの1頭がカタクチイワシの群れを見つけると，それぞれのイルカが潜水して，共同してサカナの群れのまわりや下を泳いで，その群れを水面に追い立てる．

カタクチイワシを食べるために群れの上に集まった海鳥と，群れのまわりを飛び跳ねるイルカによって，人間は10kmも離れたところからでも，何が起きているかがわかる．離れたところにいるイルカの小さな群れも，同じようにその行動をみて，それに向かって急遽移動する．

新たに到着したイルカの群れは，直ちに前のイルカの群れと共同して作業を開始するが，イルカが多く集まれば集まるほど，餌を効率よく水面に追い立てることができる．5〜10頭では餌を効率よく追い立てることができないので，すぐに捕食を諦めてしまうが，50頭の群れでは平均27分間も餌を食べているのが観察された．午後の半ばまでに，300頭のイルカ（普通20〜30頭の群れが1300 km^{2}に広がる）が2〜3時間，餌をとるために集まる．このように大きな群れでは，特に食事の終わりに向けて，種々の社会行動や，性的活動がみられる．大きな群れでは交尾相手の選択の幅が広がり，生殖不能の問題を防ぐことができる．雄も雌も1頭以上と交尾するだろうが，雌は特に交尾する相手に恵まれる．

休息と食事の終了の後に，遊びの時間が始まる．イルカが天敵を避けたり，餌を探したり，協力して餌を追い立てたりする間，その機能を効率よく発揮するために，互いをよく知って，交信をしなければならない．群れ社会をつくることがこの助けになる．食事が終わるころ，彼らは小さな，常に入れ替わるグループをつくり，胸鰭で触れたり，撫でたり，腹と腹を合わせたり，吻で相手の腹や脇腹を突ついたりして，一緒に泳ぐ．このときは，イルカはボートに近づいたり，ボートが進んでいるときには，その船首波に乗ったり，水中でダイバーと一緒に泳いだりする．

晩になると，気分を突然変えて，大きな群れはたくさんの小さな群れに分かれ，休息のために岸に近づく．小さな群れは毎日構成員を交換するが，同じ個体同士が何日も一緒に行動することがある．実際に，シロハラカマイルカのある2頭の個体が，12日間一緒にいたことが観察されている．

夏には時々，そして冬にはしばしば，カタクチイワシが出現しないことがある．そのときには，イルカは小さな群れをつくって，主として夜間にイカや底にいるサカナを食べる．それらの餌は大きな群れをつくらないので，索餌しているイルカは小さな群れで，陰気な気分になっている．冬と飢えはイルカを遊び好きにしないが，夏は餌が豊富で生活が容易なので，イルカは気分を高揚させる．　BW

●上　1頭のシロハラカマイルカが，生き生きと跳躍している．カタクチイワシを食べた後，シロハラカマイルカは習慣的に曲芸のような跳躍を仲間と一緒に行う．この行動は，社会性の高度に発達したこの動物において，最も重要な時間である．効率的に餌を狩る単位集団の個体間の絆を強化するからである．

●左　互いに接近して泳いでいるシロハラカマイルカの群れ．カタクチイワシを狩るときには，反響定位の能力を使って海洋の状態を最大の幅で走査するために，互いの間隔をもっと広げる．

イルカはいかにして互いの接触を保つか
水中環境における音響通信

水中聴音機をイルカの群れの近くに設置すると，ほぼ確実に，変化に富んだクリック音（不連続音）や，ホイッスル音（連続音）や叫び声を聞けるだろう．イルカは哺乳類の中で最も音を使う動物である．イルカは，高周波のクリック音を発する反響定位の仕組みを発達させているし，口笛のような音色のホイッスル音を使った，音響交信の仕組みももっている．

イルカにとっての音響による交信の重要性は，この動物の生物学と彼らが生活する環境の物理的特性によって説明される．大部分のイルカは高度に社会性が発達し，互いに長い間の関係を保つばかりでなく，多くの他の個体と彼らの行動を相互に関係させ，協力し合う．彼らは日光がわずかしか通らない，広大で，特色のない環境の中で，高速で泳いで一生を送らなければならない．その環境では，視界は数十m以下であるのに対して，音は他のどの形のエネルギーよりもずっと効率的に働く．彼らの生存に大変重要である社会組織を維持するために，イルカは遠い距離の間を交信する必要があり，音はそれを達成するための最も効率的な手段である．

イルカの最も特徴的な発音は，狭い周波帯のホイッスルである．社会組織が不明の，2～3の種類の沿岸性のイルカを除いて，すべてのイルカがホイッスルを発する．ホイッスルの中には，特徴的で，明瞭な，個体ごとに独特な波長の抑揚のある基本形をもっているものがある．それらは特殊な方法で音階を上げ下げする．これは「記号ホイッスル」といい，個体を識別する信号として役立つようである．

記号ホイッスルは普通，群れの他の構成員がみえない距離にいるときに発せられ，一義的には連絡声として機能するようである．イルカは，哺乳類では比較的まれな，音による学習に長けている．注意を引くために，同じ群れの他の個体の記号ホイッスルをまねするようである．2歳になるまでに自分自身の記号ホイッスルを確立し，以後その音を維持する．雄は，自分の母親の記号ホイッスルをコピーするらしい．それは近親相姦を防ぐのに役立つ．

人間がイルカの個体または群れを音によって判別することが，いくつかのイルカの種について可能となり，生物学的にそれが意味をもつ水準にまで，われわれの理解度が達したようである．たとえば，その結果，群れの組成が毎日変わるような，複雑に分裂する型の社会組織をもつ小型のイルカは，過去の経験に基づいて，群れの他の個体を認識して，それらと適切に付き合う能力を発展させることが重要であることがわかってきた．しかしながら，マイルカ科の中で最大のシャチの社会構造は，これとは全く異なる．シャチはきわめて安定した社会構造の群れで生活し，特徴ある発声機構をもつ．それぞれの群れが独自の方言（特別な鳴き声）をもち，群れの間の方言の類似性の程度は，一般に，遺伝的近親性と，一緒に過ごした時間の長さを反映する．

野生状態でイルカが交信するために音を利用する方法については，まだほとんど発見されていない．しかしながら，あるイルカの種において，索餌の際の共同行動を調整するときの特殊な発声については判別されており，行動の状態とイルカの群れが発する声との間の関係も証明されている．

飼育下では，イルカは種々の人工的な言語を容易に学んでいる．議論の余地があるが，ある研究は，イルカが新しい文章を理解するために，文法の法則を用いていることを示唆している．この能力は，イルカが野生状態で使用するために，複雑な交信システムを進化させたことを示唆している．

その他のイルカの交信の興味をそそる側面として，イルカは他のイルカの発する反響定位音を盗み聞きすることができるかもしれないということがあげられる．少なくとも，可聴域（1kmまたはそれ以上）以内での他の個体による索餌がうまくいっているかを「聞く」ことができる．飼育個体による最近の仕事は，短い範囲内では，実際にイルカが他の個体が発した反響定位音からの反響音を，ある方式の水中音波探知機を用いて「分析」できることを示している．イルカはまた，たとえば，尾鰭で水を叩いたり，跳躍の後に水面に落下するときなどの，声以外の手段を用いて，音を出すことができる．

聴覚は疑いもなくイルカが用いる主要な感覚であるけれども，視覚，触覚，味覚のような感覚もまた大事である．たとえば，視覚は短距離で行動を調節するのに役立つかもしれないし，この感覚は他のイルカの頭や脇腹の模様や体色を区別しているかもしれない．脅迫や服従のような際の，特徴ある体の姿勢や動き，表現行動が，飼育下でも野生状態でも，みられる．イルカには嗅覚はないが，仲間が泳ぐ海の環境の化学物質を味わうことができる．尿や糞から出る化学物質が，繁殖状態や索餌の成功を伝達する重要な手段であるのかもしれない．　JG

●右　社会性があり，知能の高いイルカは，音が長距離の通信に最良の媒体である水中の世界において，互いの連絡を保つために，複雑な音響信号を発達させてきた．

イルカ類

クジラ目

カワイルカ類
River Dolphins

　イルカは普通，広大な大洋に生活していると考えられているので，彼らがアマゾンの熱帯雨林の狭い水路や，バングラデシュの田舎の濁って強い日差しにさらされた水流や，ヒマラヤの山裾の小さな岡の冷たい水流の中を泳いでいるとは思われていないだろう．しかしながらカワイルカの仲間は，それらのすべての環境に適応して，生活しているのである．

　「カワイルカ」という呼称は伝統的に，長い吻をもち，たくさんの歯が生えた小型のイルカのグループであるヨウスコウカワイルカ，ガンジスカワイルカ，インダスカワイルカ［訳注：最近ではガンジスカワイルカとインダスカワイルカは同種とされ，両者はインドカワイルカの2つの亜種とされている］，アマゾンカワイルカ，ラプラタカワイルカに適用されてきた．それらのイルカたちは共通の祖先をもっていないかもしれないが，類似した生態的地位にあるために1つにまとめられている．ラプラタ河の河口と，アルゼンチンの北部からブラジルの中部にかけての沿岸に生息するラプラタカワイルカを除いて，他のカワイルカの生息域はすべて，淡水の環境に限定している．

　数種の小型クジラ類の中には，真のカワイルカ類ではないけれども，海水と淡水の水系の両方に生活する種がいる．問題のイルカたちは，中南米にいるコビトイルカ，東南アジアにいるカワゴンドウ，極東にいるスナメリである．結論はまだ得られないが，これらの種の中で，淡水で生活する「身体的機能のある」個体群は，おそらく一生を淡水中で生活し，規則的に海に出たり入ったりはしないであろう．本書では，これらの種類は「イルカ類」に入れて取り扱うことにする．

■ 淡水での胸鰭
■ 形態と機能

　長く細い吻と多くの歯に加えて，カワイルカ類は形態と感覚器に特徴がある．たとえば，アマゾンカワイルカは異歯性の歯をもつ唯一の近代的なクジラであり，顎の前半分の歯は円錐形で，典型的なイルカの歯と同じであるが，その後ろの歯の歯冠の部分は内側の縁に縁どりがある．アマゾンカワイルカは，多くの種類の軟らかいサカナだけでなく，カニやナマズや小型のカメのような，棘があったり硬い甲羅のある餌も食べるという広い食性をもっているので，彼らは変形した珍しい構造の歯を使って，それらの餌を噛み切ったり，軟らかくしていると思われる．すべての種類のカワイルカが盲目であるというのは誤解であるが，ガンジスカワイルカとインダスカワイルカの退化した眼にはレンズがなく，焦点を結ばない．彼らができることはせいぜい，光の明暗を感知することである．カワイルカ類の他の種類も視覚が衰えているが，その程度は同じではない．事実，アマゾンカワイルカは大変優れた視覚をもっている．

　すべてのカワイルカ類の聴覚は高度に発達しており，濁った状態が優先する彼らの環境の中で，（餌を含む）物体を判別できる．ガンジスカワイルカとインダスカワイルカは，体を横にして泳ぐことで知られている．言い換えれば，呼吸しに水面に浮かんだ後は，直ちに体を横にして，胸鰭で触って水底を感じ，絶えず不連続音を発して，前方を走査しているのである．

■ 社会性か単独性か
■ 社会行動

　カワイルカの群れは10頭以上になることはまれであり，単独個体に遭遇することは珍しくない．行動をともにする個体の関係についてはまだ調査されていないので，カワイルカ類の群れの組成，構造，社会の性質については全然わかっていない．もちろん，子供は数か月間母親と一緒にいる．ある場所でのカワイルカの密度あるいは頭数は，多くの海生のイルカよりも多いかもしれないが，それはおそらく主として川と海の大きさの違いによるものである．コビトイルカやカワゴンドウの小さな群れは，互いに体長と同じくらいの間隔で同時に水面に浮上するのが典型的な行動である．これに対して，カワイルカ類は普通，ばらばらに水面に浮上したり，潜水したりする．その一方で，広い水域にわたって分布する彼らが類似した行動をとり，ある程度個体間のつながりがあるようにみえる印象も与えている．

　カワイルカは川の合流点，流れが鋭く曲がったところ，砂地の水底が盛り上がったところ，あるいは洲の下流部分の端

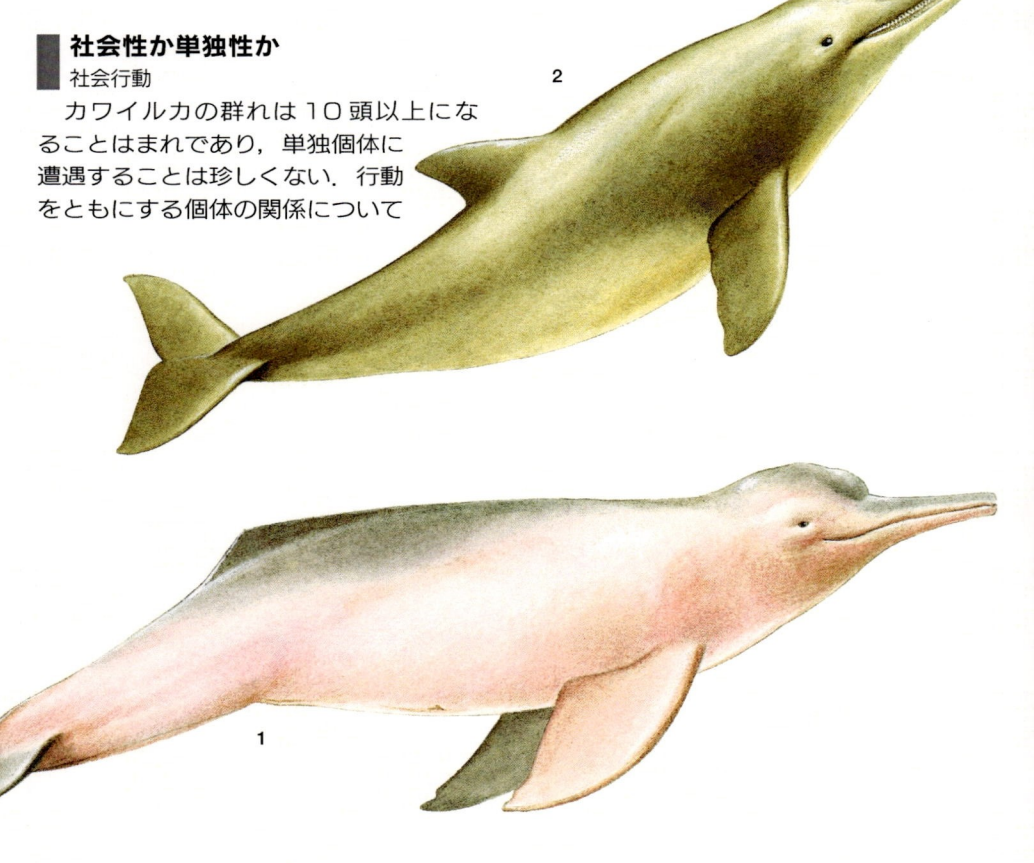

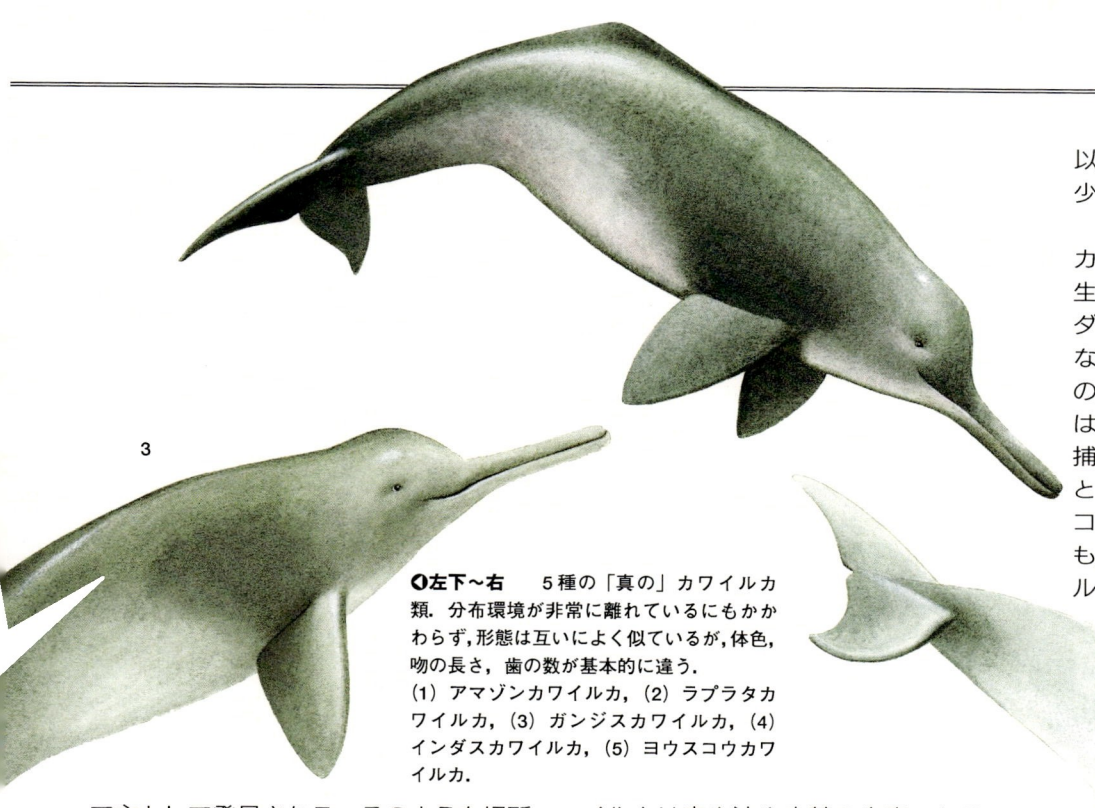

カワイルカ類

以上生き残っているが，これも急速な減少の危険にさらされている．

　ガンジス河には，ガンジスカワイルカがおそらく2000～3000頭しか生き残っておらず，インダス河にもインダスカワイルカは1000頭以下しかいない．ガンジス河とブラマプトラ河流域の辺鄙なところに住んでいる部族の人々は，いまだにこのイルカを食用として捕獲しており，漁民は高価なナマズのおとりにこのイルカの油を使っている．メコン河とマハカム河にいるカワゴンドウも，絶滅の危険にある．アマゾンカワイルカとコビトイルカの2種が生息するアマゾン河水系では，保護の状態は少し明るく，今でもきわめて多くのこれらのイルカが，広く分布している．

RR

○左下～右　5種の「真の」カワイルカ類．分布環境が非常に離れているにもかかわらず，形態は互いによく似ているが，体色，吻の長さ，歯の数が基本的に違う．(1) アマゾンカワイルカ，(2) ラプラタカワイルカ，(3) ガンジスカワイルカ，(4) インダスカワイルカ，(5) ヨウスコウカワイルカ．

で主として発見される．そのような場所は水深が深かったり，水の流れの安全地帯であったりする．後者の場合は，水が泡立つ反流をつくって，イルカがエネルギーの消費を減らしたり，主流に流されないようにできる場所である．

人間に殺されやすい場所
保護と環境

　カワイルカはどこでも漁具（特に刺し網）によって混獲されたり，人間の生活を便利にするための犠牲になって彼らの生活環境が改変されたり，破壊されたりする危険のあるところで生活している．カワイルカの組織に蓄積する汚染物質——例えば，有機塩素系殺虫剤，PCB，オルガノチンなど——の蓄積の水準が彼らの健康や繁殖に与える影響についての関心が高まってきている．カワイルカの生活の場が汚染源（下水の垂れ流し，工場廃水，農薬の流失など）に近いことや，それらの汚染物質に対する彼らの代謝能力が比較的低いことが，彼らを絶滅の危険にさらしている．ダムの建設もまた彼らの移動を妨害し，堰の上流の個体群を着実に減少させ，一部はすでに絶滅している．アジアでは特に，ダムの上流の囲い込まれた水の多くが，灌漑，家庭，産業の用水に向けられ，カワイルカの生活環境を直接に減少させている．

　ヨウスコウカワイルカは世界で最も絶滅の危機にある．このイルカは1918年に西洋の科学者によって初めて分類がなされ，1950年代には揚子江のすべての流域に広く分布していた．しかしながら，中国の1958年秋からの「大躍進」（国の急速な工業化）の開始から，このイルカは肉や油や皮革の生産のために，多数が捕獲された．今日では法律で保護されているが，漁業による混獲が続けられ，動力船との衝突によって死亡し，河川工事の水中爆破の衝撃にさらされている．このイルカの個体数は，最近ではわずか数十頭と推定されている．ヨウスコウカワイルカの歴史的な分布域の大部分を共有している淡水性の亜種のスナメリは，まだ数百頭，おそらくは1000頭

カワイルカ類　river dolphins
目：クジラ目　Cetacea
科：インドカワイルカ科 (Platanistidae)，ヨウスコウカワイルカ科 (Lipotidae)，アマゾンカワイルカ科 (Iniidae)，ラプラタカワイルカ科 (Pontoporiidae) 4属　5種 [訳注：現在，4種とされる]

分布：東南アジア，南アメリカ．

●**ガンジスカワイルカ　Ganges dolphin**
[訳注：現在，インドカワイルカの亜種とされる]
Platanista gangetica [訳注：現在，*P. gangetica gangetica*]
インド，ネパール，バングラデシュのガンジス—ブラマプトラ—メグナ河水系に分布する．HTL：210～260 cm，WT：80～90 kg．体色：明るい灰褐色，腹側は少し淡い．妊娠期間：10か月．寿命：28年以上．保護の状態：En．

●**インダスカワイルカ　Indus dolphin** [訳注：現在，インドカワイルカの亜種とされる]
Platanista minor [訳注：現在，*Platanista gangetica minor*]
インダス河に分布する．体長，体色，食性，妊娠期間，寿命は（おそらく）ガンジスカワイルカに同じ．保護の状態：En．

●**ヨウスコウカワイルカ　Yangtze river dolphin**
Lipotes vexillifer
中国の揚子江の中・下流と浙江の下流に分布する．HTL：230～250 cm，WT：135～230 kg．体色：青みがかった灰色，腹部は白．妊娠期間：おそらく10～12か月．保護の状態：Cr．

●**アマゾンカワイルカ　Amazon dolphin**
Inia geoffrensis
南アメリカのアマゾン河，オリノコ河水系に分布する．HTL：208～228 cm（オリノコ河水系），224～247 cm（アマゾン河水系），WT：85～130 kg．体色：背部は青みがかった灰色で腹部は紅色，オンタリオ河系は黒味がかる．妊娠期間：おそらく10～12か月．保護の状態：En．

●**ラプラタカワイルカ　La Plata dolphin**
Pontoporia blainvillei
南東アメリカのウバツバからバルデス半島にかけての沿岸（ラプラタ河にはいない）に分布する．HTL：155～175 cm，WT：32～52 kg．体色：暖かい褐色，腹部は青みがかる．妊娠期間：11か月．寿命：16年以上．

クジラ目

シロイルカとイッカク
Beluga and Narwhal

　シロイルカとイッカクは，クジラ類の中で最も社会性が発達している範疇に属する．北極の湾の中で，光り輝くように白いシロイルカが多数に集合しているのは印象深い光景であるが，数百頭，あるいは数千頭のイッカクが列をなして岸に沿って移動しているのも，実に荘厳な光景である．シロイルカは大昔には温暖な海に生活していたことが知られているが，今では冷たい北極の海だけに分布している．

　イッカクの皮膚の色には特徴がある．固めのブラシで軽く撫でるようにして，体の上に灰緑色，クリーム色，黒色の小さな斑紋を塗ったようにみえるのである．しかしながら，もっと驚かされるのは，雄が水面に顔を出したとき，水面から突き出る，有名な螺旋状の１本の牙である．それは不釣り合いに長く（体長５mのクジラに３mの牙）みえるだけでなく，体軸からずれて位置し，本来の歯の生え方でなく，左の上唇から斜め下向きに突き出ていて，奇妙なものである．これらの風変わりな形態の極致として，年とったイッカクの雄の尾鰭の形は，前と後ろが普通のイルカと逆のようにみえる．

■ 絶縁のための油
形態と機能

　イッカクとシロイルカの体型は似ているが，シロイルカの方がやや小さい．シロイルカで特徴的なのは首である．大部分のクジラやイルカと違って，頭を横にほぼ直角に曲げることができる．シロイルカの属名の *Delphinapterus* が「翼のないイルカ」を意味するように，体の中央部から尾部にかけて，背中に沿って皮膚の盛り上がりがあるが，飛行機の垂直翼に相当する背鰭がない．多数の血管が分布する背鰭は，体温を奪い，氷の中で生命の危険を伴うからかもしれない．

　両種とも，雄は雌より約50cm大きく，胸鰭はその先端が，年齢とともに上に曲がる．シロイルカの胸鰭は種々の体の動きに対応でき，ゆっくりした後退などの，微妙な行動に重要な機能を果たしているようにみえる．雄のイッカクは，年をとるにつれて尾鰭の形が変化し，その先端が前方に移動して，上下からそれをみると，前縁がへこむようになる．両種とも厚い脂皮をもち，それが凍てつくように冷たい海水から体温を絶縁するので，シロイルカはとても太っているが，厚い脂皮に覆われない頭部は，体の大きさに比してあまりにも小さくみえる．

　イッカクには，たった２本しか歯がなく，その両方とも摂餌には機能しない．雌では，歯は約20cmの長さに成長するが，歯茎から決して萌出しない．一方，雄では，左の上顎歯が成長を続けて，牙になる．１％以下のわずかな割合の雄が，同じ長さの１対の牙を生やす．その一方，同じ比率の雌も１本の牙を生やすことがある．この牙の目的には種々の説があるが，社会生活と繁殖において支配権を確立する役目を果たす［訳注：雄は牙を水面に突き出して比較し合い，長い牙をもっている個体が繁殖行動において優位に立つとされる］ための，単な

○下　6月から9月にかけて，シロイルカは河口にある彼らの伝統的な集合場所に，数百〜数千頭が集まる．サマーセット島のカニンガム河の河口上空からのこの眺めから，彼らの回遊様式に関係して，非常に多くのシロイルカがここに集まることがわかるであろう．

シロイルカとイッカク

○左 シロイルカとその子供．哺乳は2年間続くらしい．その間，親子はほとんど離れないでいる．シロイルカの新生児の体色は褐色であり，1歳までに灰色になり，やがて白色になる．

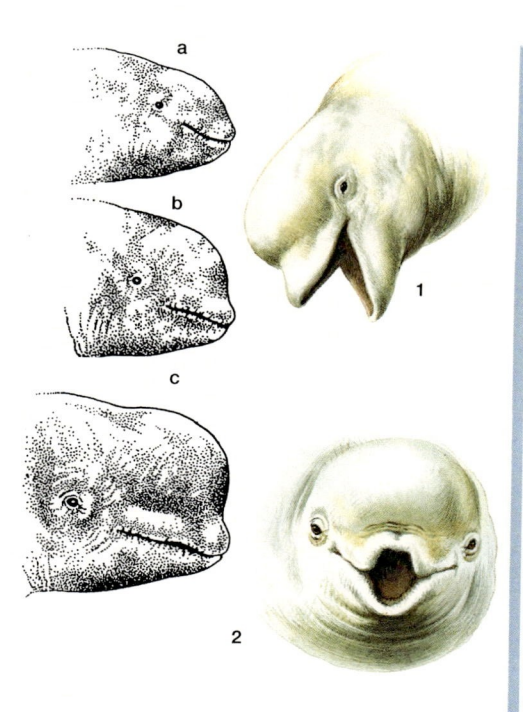

○上 シロイルカの顔の形の発達と表情．成熟したシロイルカは前頭部のメロンが突き出ているが，その成長は遅い．(a) 新生児にはメロンがほとんどない，(b) 1歳児ではメロンが大きいが，吻は発達しない．(c) 性成熟には5～8歳で達する．シロイルカの口と首は非常にしなやかであり，音と顔の表情で他の個体と連絡をとり合う．休息しているときは，微笑んでいるようにみえる．シロイルカは，(1) クリック音や鈴のような音のほかに，両顎を閉じたり開いたりして，カチカチと大きな音を出す．多彩な摂餌をする動物であり，(2) 口をつぼめる動作は，海底で餌をとる際に使われると信じられている．

シロイルカとイッカク
beluga and narwhal
目：クジラ目　Cetacea
科：イッカク科　Monodontidae
2属　2種

分布：周北極．

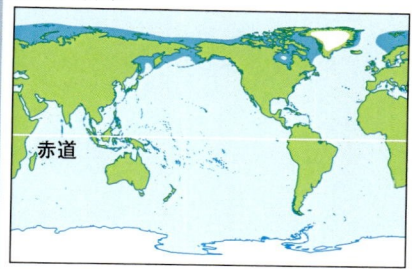

● **シロイルカ　beluga**
Delphinapterus leucas
ロシアと北アメリカの北部，グリーンランド，スバルバールの海に分布する．普通は氷の近くの海の沿岸と沖合域に分布し，夏には河口に集まる．HTL：300～500 cm，WT：500～1500 kg．成熟した雄は雌より約25%大きく，体重は雌の約2倍．体色：成体は白または黄色っぽく，子供はスレート灰色．2歳で灰白色，成熟すると白色になる．餌：大部分底生動物，群れをつくる魚類，甲殻類，ゴカイ類，貝類．繁殖：妊娠期間14～15か月．寿命：30～40年．保護の状態：Vu．

● **イッカク　narwhal**
Monodon monoceros
ロシアと北アメリカの北部，グリーンランド，スバルバールの海に分布する．海氷の中または近くに生息，主として沖合域に分布するが，夏にはしばしばフィヨルドと沿岸に集まる．HTL：400～500 cm，WT：800～1600 kg．雄の牙は150～300 cm，雄は雌より大きい．体色：灰緑色，クリーム色，および黒色の斑紋が体に広がる．年齢とともに，腹部から白っぽくなる．餌：ホッキョクダラ，ヒラメ，頭足類，小エビ．繁殖：妊娠期間14～15か月．寿命：30～40年．

る性的二型であるようである．

シロイルカは，大きな口を開けて，並んだ32～40本の止め釘状の歯をみせるなど，体や顔でさまざまな表現をすることができる．歯の表面があまり減りすぎて，餌を効率よく捕らえられないほどになることがある．このことと，2～3歳まで歯が完全に萌出しない事実から，このイルカの歯の第一義的な機能は，捕食のためではないことが示唆される．シロイルカは両顎を閉じたり開いたりして，カチカチと音を出すことがあるが，歯がこれに貢献しているかもしれない．この習性は水族館でのショーの際に，観客を楽しませるのに使われている．

イッカクと対照的に，シロイルカはよく声を出す動物であり，ウシのように鳴き，小鳥のようにさえずり，口笛のような音を出し，カランカランと鳴る音も出し，昔は「海のカナリア」という愛称がつけられていた．シロイルカが出す音の一部は，船体を通して，あるいは海上で，容易に聞くことができる．水中では，シロイルカの群れから発せられる騒音は，農家の庭を思い出させる．このような声とクリック音による反響定位の機能に加えて，シロイルカは交信と索餌に視覚も使う．多面的な表現をするこのような才能は，このイルカが巧妙な社会的伝達をしている可能性があることを示唆している．

深海で餌をとる
食性

シロイルカもイッカクも多様な餌を食べる．シロイルカは，甲殻類，ゴカイ類，そして時には貝類ばかりでなく，タラを含む群れをつくる種々のサカナを食べ，イッカクは，頭足類，ホッキョクダラ，ヒラメ，小エビを食べる．シロイルカは水深500 mもの海底で摂餌し，イッカクも同じ深さで，必ずしも海底に限らず摂餌する．両種ともに，1000 mもの水深まで潜水でき，正常では10～20分，特別の場合には20分以上もの

○右 カナダ北部のバッフィン島の沿岸でのイッカクの群れ．回遊の途中で，このような2000頭もの群れが一緒になって，水面近くを遊泳する．しかしながら，餌を追うときは深く潜水し，海底まで達することができる．

間潜水する能力がある．シロイルカが首を強く曲げることのできる能力は，視覚あるいは聴覚によって，広く海底の様子を走査することに役立つ．そして，シロイルカは，水を口に吸い込み，それを強く吐き出して，餌を海底から追い出すことができる．機能的な歯を全くもたないイッカクは，シロイルカと同じように，おそらく口をスポイトのように使って餌を吸い込むのであろう．牙のある雄も，それがない雌も，同じ種類の餌を食べているので，牙は摂餌の役には立たないようである．かえって餌に近づく際に，邪魔になっているだろう．

回遊
社会行動

シロイルカとイッカクは成長や繁殖の生態も似ているのだろうが，シロイルカの方がイッカクよりもそれらについてわかっている．雌は5歳前後，雄は8歳以上で，性的に成熟するが，個体群によって違っている．シロイルカが性的二型の形態をもっていることから判断すると，優勢な雄はおそらく多くの雌と交尾するのであろう．氷が解け始める初夏に，大部分の出産が行われる．多くの個体が7月に河口を占領するが，それは繁殖とは関係ないだろう．というのは，この避難場所ではほとんど子供が産まれていないからである．子供は普通，1頭で産まれ，双子はきわめてまれである．出産直後に母親と子供の間には強い絆が結ばれ，肉体的接触が非常に緊密であり，子供は母親の脇か背中に絶えず寄り添っている．母親は2年以上授乳し，離乳後に再び妊娠する．妊娠から離乳までの繁殖周期は3年またはそれ以上になる．

イッカクは夏の盛りに，パックアイス（叢氷）際の沖合からフィヨルド（峡湾）にまで移動するが，浅い海では，シロイルカよりも短い期間しか過ごさない．両種が時々同じフィヨルドに一緒に現れることがあるが，このような機会は偶然の一致であり，正常な関係ではないようである．彼らが単独でいることや少数で群れることはまれである．ヨーロッパの温暖な海域でまれに彼らが目撃されることがあっても，それは生態的に異常な状態である．

数百頭，あるいは数千頭の群れは普通であり，彼らは数km^2の広さの海域を覆って広がることがしばしばである．群れは1つの統一体として振る舞うが，空中から観察すると，明らかに緊密な関係をもつ小さなグループが多数集まって構成されており，普通は似た体長，または似た性的状態の個体がグループをつくっている．雌と子供からなるグループもあれば，大型の成熟した雄のグループもある．この雄のグループは，数か月，あるいはそれ以上の期間，一緒にいることが知られている．

衛星標識調査によって，シロイルカとイッカクの回遊について，多くのことが明らかにされている．両種とも，1年の長い間氷の多い沖合域にとどまるが，ポリニアというパックアイスの開氷面の中にいることが時々ある．イッカクは1年の大部分の間沖合域にとどまるが，7〜8月の短い期間，フィヨルドに入ることがある．大部分のシロイルカは夏に河口に分布するが，そこに長くはとどまらない．カナダのビューフォート海では，シロイルカは東への移動の途中で，1週間ほど巨大なマッケンジー三角洲で休み，その後深い海への移動を続ける．この場所は人間社会の高速道路の休憩所にたとえられ，漁師や観察者は1か月以上もの間，毎日数百頭のイルカをみることができる．しかし，実際にはイルカの個体が絶えず入れ替わり，この季節に数万頭ものシロイルカがここを訪れるのである．スバルバードのような地域では，河口がないので，シロイルカは代わりに，氷河の先端を目指して進む．河口と氷河の共通点は，両者ともに淡水の供給源ということである．1年のこの時期に，シロイルカは脱皮し，古い黄色の皮膚は剥げ落ちて，その下の新しい白い皮膚が取って代わって現れる．皮膚を通じて体内に吸収した淡水が皮膚の剥がれるのを促進する．彼らは海底の砂利に体をこすりつけることによって，脱皮をさらに助長する．

容易に漁師に捕まる
保護と環境

シロイルカはおそらく子供のときに学んだ回遊経路に沿って，夏を過ごす場所に正確に戻ってくる．この回遊の忠実性が不幸な結果を招いている．なぜならば，たとえ漁師によって絶滅に至るまで乱獲されても，教え込まれた場所に戻ってくるからである．さらに，現在，シロイルカに30の個体群が確認されているが，彼らは慣れた移動の道と繁殖場を好む性質に融通が利かないので，すでに別の個

シロイルカとイッカク

　シロイルカの回遊行動が予測できることが，この種を人間による捕獲の危険にさらしてきた．18世紀から19世紀にかけて，アメリカとヨーロッパの捕鯨者が，彼らの主要な目的である鯨油を船に満載するために，ホッキョククジラの代わりに，シロイルカを大量に捕獲した．先住民もシロイルカを利用してきたが，彼らは昔からおそらく資源を減らさない程度の比較的少数のイルカしか捕獲してこなかった．現代のイヌイットの漁師は，昔よりも機械化（ライフル銃，爆発銛，高速モーターボートなど）しており，増加した人口を支えるのにイルカ漁が寄与しているので，シロイルカの資源を減らす深刻な可能性がある．最近では，シロイルカの資源量は世界全体で10万頭以上がいると考えられているが，個々の個体群の資源は健康な状態（1万頭）から過剰捕獲によって絶滅寸前にある個体群まで幅がある．年間の捕獲頭数は現在，数百頭から2000〜3000頭であり，毎年変動している．

　シロイルカが季節的に浅い沿岸海域に好んで集まる性質もまた，この種を，捕獲よりも間接的な，人間による近代の脅威の危険にさらしている．餌の汚染，石油開発や水力発電用ダムの建設などによる生息環境の悪化に対して，現在大きな関心がもたれている一方で，地球温暖化とその海氷への影響が，問題となっているようだ．シロイルカとイッカクは，過去においても北極の氷の広がりの大きな周期的変動に耐えて生き残ってきたが，この地域における最近予測された変化率は例外的に大きく，もしもこれらの氷を好むイルカの種がこれからも繁栄を続けようとするならば，その環境変化に急速に適応する必要がある．

　ごく最近のイッカクの個体群の推定頭数は，2万5000〜3万頭であり，3つの個体群が推定されている．シロイルカと対照的に，1年の大半は，沿岸域を避けて生活しているので，工業の発達による資源減少の危険は少ないが，捕獲が今も行われていて，漁場は分布域の資源量に比例的に分布していない．イッカクの牙が，中世の時代から現在まで，常に人間による迫害の原因であった．中世においては，この牙は想像上の動物である一角獣の牙であり，神秘的な特性を備えているとして評判であったし，現在でも個人の収集家や博物館からの需要が多い．

AM/PB

●上　北極の先住民族イヌイットによって，昔からイッカクの狩りが行われてきた．体のすべての部分が利用される．肉と皮（ビタミンCが豊富）は食べられ，腱は乾燥させて丈夫な紐に加工される．しかし，高い値段で売れる牙が，イッカクの乱獲についての，人々の関心を高めてきた．

●下　シロイルカの群れが，ハドソン湾の濁った水の中から幽霊のようにぼんやりと現れてきた．膨らんだ前頭部のメロンは反響定位に用いられ，シロイルカは音響信号を発し，物体からの反射の音波によって，物体までの距離を判断する．この機能は，暗く濁った水中で航海したり，餌を見つけたりするのに不可欠である．

体群がいなくなった場所に，新たに移り住むことをしないのである．そのような場所として，ラブラドル地方のウンガバ湾があり，ここではかつてシロイルカが豊富に分布していたが，今ではほとんどみられない．

クジラ目

マッコウクジラ類
Sperm Whales

　ハーマン・メルビルの小説「白鯨」によって不朽の名声を与えられたマッコウクジラは，いろいろな面で極端な動物である．ハクジラ類の中で最大であり，地球上で最大の脳をもち，性的二型が著しく（雄の体重は雌の3倍），動物界の中で，最も深く，そして最も長い間潜水できる．

　昔，水夫たちは，船底から規則的な間隔で聞こえるカチカチという音は，「大工魚」と彼らが呼ぶサカナから発せられると考えていた．金槌を叩いている音に似ていたからである．実際には，マッコウクジラが発する音を聞いていたのである．英語名の"sperm whale"は，このクジラの巨大な前頭部から抽出される，「脳油（spermaceti）」として知られる油性物質の性状を，捕鯨者が「精液（sperm）」と誤解したところから由来するといわれる．

深海での音
形態と機能

　マッコウクジラ科（Physeteridae）の祖先は，約3000万年前の，クジラ類の進化の初期に，主要なハクジラ亜目（Odontoceti）の主軸から分化したらしい．この科で唯一の現生している種であるマッコウクジラは，ずっと小型のコマッコウ科（Kogiidae）のコマッコウやオガワマッコウとともに，樽状の頭，長くて太い同じ形の歯が生えている下顎，櫂形の胸鰭，そして左側に偏った1つの噴気孔をもつ．コマッコウ属（Kogia）はマッコウクジラよりもずっと遅れて，約800万年前に出現した．

　マッコウクジラの大きく四角い前頭部は，上顎の上，頭骨の前部に位置し，体長の4分の1から3分の1を占める．この部分に，結締組織の鞘に包まれる円筒形の構造である，脳油嚢がある．この器官そのものと，その下にある床といわれる組織は，半液体の蝋状の油である，脳油を大量に含んでいる．気嚢が脳油嚢の前後の端にある．頭骨と脳油嚢を囲む気道の位置は，極端に左右不対称である．2本の鼻道は形態も機能も非常に異なり，左側の鼻道は呼吸に，右側のそれは発声に用いられる．

　なぜマッコウクジラには，このように大きく，不恰好な頭がついているかについては，明らかにされていない．一つの理由として，マッコウクジラは深海の暗いところで，反響定位で餌を探すのに役立つ，クリック音の焦点を絞るのにこれが役立つことが示唆されている．また，このクリック音は交信のために使われているといわれる．マッコウクジラは，マッコウクジラ科の3種の中で最も頻繁に声を出す．

　マッコウクジラの棒状の下顎には，両側に20〜26本の歯が生えている．一方，オガワマッコウの歯は8〜13対であり，コマッコウの歯は10〜16対である．これらの歯は，摂餌には使われないらしい．歯が全く生えていないか，あるいは下顎にしか歯が生えていないが，たくさんの餌を食べていたマッコウクジラが捕獲されていたからである．さらに，マッコウクジラの歯は，性的に成熟するまで萌出しない．上顎に普通に歯をもっている種類はおらず，歯があったとしても［訳注：上顎にも歯は必ずあるが，退化していて，それが萌出する個体が少ないだけである］，普通には萌出しない．コマッコウ属の歯は細く，非常に鋭く，曲がっていて，エナメルがない［訳注：エナメルは歯の先端にわずかにあるが，萌出すると磨耗してすぐに消失するので，存在していないようにみえる］．

　頭部と尾鰭［訳注：胸鰭と背鰭も］を除いて，マッコウクジラの皮膚の表面は波状に皺が寄っている．高さの低い背鰭は，特に成熟した雌では，その先端部にザラザラして，白っぽい色をした，いぼがついている．

　マッコウクジラは，深い索餌潜水を繰り返している．潜水は普通，約400mで約35分間であるが，1000m以上，また1時間以上潜水を続けることができる．潜水の間には，呼吸のために平均約8分間，水面にいる．マッコウクジラは尾鰭を水面からまっすぐに上げて，ほぼ垂直に潜水する．

　マッコウクジラは両性ともに，イカ類が主要な餌である．雌は約75％の時間を索餌のために過ごす．雌は雄よりも小さな餌を求めるが，時にはダイオウイカも食べる．それらのイカの吸盤の痕が頭部についているのは，水中での彼らとの闘争の証である．雄の餌は，雌と同じ種類の，もっと大型のものである傾向が強いが，雄はサメやエイなどのサカナ［訳注：これらの種類よりも，メヌケ類などの底生の中型魚がマッコウクジラの餌になるサカナの主体である］を雌よりも多く食べる．コマッコウやオガワマッコウの頭は，マッコウクジラよりも先が尖っていて，体長に対する頭の割合は小さい．コマッコウ属の2つの種類の体型はサメ型であり，口には吊り下げ型の下顎がつき，頭の後ろの両側にサカナの鰓蓋によく似た，腕木形の模様がついている．主としてイカとタコを食べるが，前頭部が平らで，底生のサカナやカニが胃袋から出てくることは，少なくともある時間には，底生の餌を食べる性質があることを示唆している．彼らのそのほかの餌は，マッコウクジラと違いはない．

世界を旅する
分布型

　マッコウクジラほど地球に広く分布している動物は少ない．彼らは両極近くから赤道までの海を占拠している．1年の大部分を，雄と雌で住み分けており，雌と子供は緯度40°以下の暖かい海で生活している一方で，雄は，年齢と体長が増すにつれて，高緯度に移動する．大きな雄は北極と南極のパックアイスの辺縁でも発見される．交尾のためには，雌がとどまっている熱帯の海まで回遊しなければならない．

　遺伝的研究によって，すべてのマッコウクジラの個体群が広く類似していることが示唆されている．母親のみから受け継がれるミトコンドリアDNAの分析によって，マッコウクジラが大洋底以下に小さい規模に分かれた個体群は存在しないことが示されている．半分が雄に由来する核DNAの分析によると，本種の個体群は地理的にもっと均一であり，大

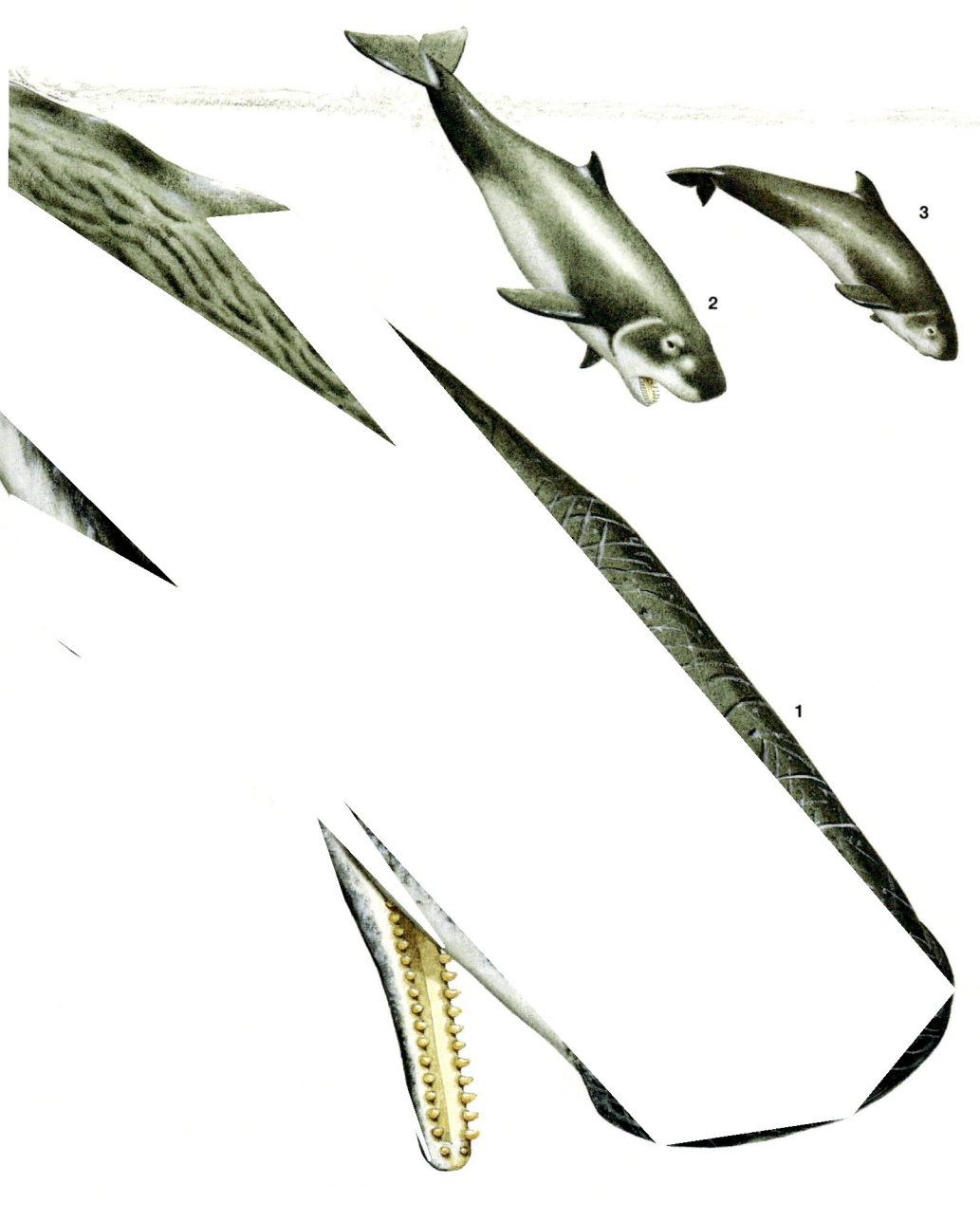

マッコウクジラ類

マッコウクジラ類　sperm whales
目：クジラ目　Cetacea
科：マッコウクジラ科（Physeteridae），コマッコウ科（Kogiidae）
2属 3種

分布：雌と子供は熱帯から緯度40°までの暖海，成熟した雄は両極の氷縁まで分布する．

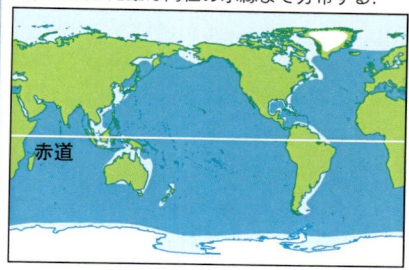

赤道

生息環境：主として，大陸棚の境の1000 m以上の深海．コマッコウはそれより浅い，浅海から大陸棚の外側まで．

●マッコウクジラ　sperm whale
Physeter catodon (*macrocephalus*)
（雄）HTL：16 m（最長18 m），WT：45 t（最大57 t）．（雌）HTL：11 m（最長12.5 m），WT：15 t（最大24 t）．
体色：暗灰色，しばしば口のまわりが白，腹部に白い斑紋がある．頭部と尾鰭を除いて皮膚に波型の凹凸がみられる．繁殖：雌は約9歳で性成熟，雄は10～20歳で思春期，30歳ごろまで繁殖に能動的に参加しない．14～15か月の妊娠期間を経て，1頭の子供が産まれ，2年またはそれ以上の哺乳期間があり，子供の世話をする期間は長い．寿命：60～70年．保護の状態：Vu．

●コマッコウ　pygmy sperm whale
Kogia breviceps
HTL：4 m（雄），3 m（雌最長）．WT：318～408 kg．
体色：背中は青みがかった灰色，体側はしだいに明るい灰色になり，腹部は白あるいは紅色．頭の横に腕木，あるいは鰓蓋状の白い印がある．繁殖：交尾は夏に行われ，妊娠期間は9～11か月で，春に出産する．出生体長約1 mの子供は約1年間養われる．雌は2年ごとに子供を産む．寿命：17年またはそれ以上．

●オガワコマッコウ　dwarf sperm whale
Kogia simus
HTL：2.2～2.7 m（雄），WT：136～272 kg．
体色：背中は青みがかった灰色，体側はしだいに明るい灰色になり，腹部は白あるいは紅色．頭の横に腕木，あるいは鰓蓋状の白い模様がある．繁殖：出生体長はコマッコウより小さい．寿命：不明．

◎上　3種類のマッコウクジラの仲間．(1) 餌を追って潜水するマッコウクジラは，大洋底近くまでの極端に深いところで餌を捕らえることがある．(2) コマッコウ，(3) オガワコマッコウ．

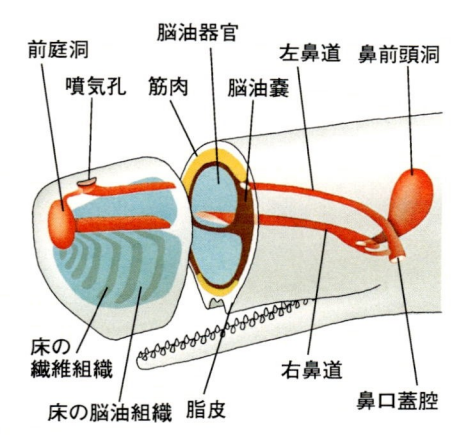

◎上　マッコウクジラの頭部の解剖学的特徴を示す断面図．頭の上部にある巨大な脳油器官を冷ましたり温めたりして，浮力を変えることができる．これは鼻道に入る水の流れを調節することによって可能となる．

[断面図ラベル：前庭洞，噴気孔，脳油器官，筋肉，脳油嚢，左鼻道，鼻前頭洞，床の繊維組織，床の脳油組織，脂皮，右鼻道，鼻口蓋腔]

洋間で違いがあっても，同じ大洋の中では個体群の間に目立った違いはないことが知られた．彼らは普通，水深 1000 m 以上の外洋域で生活する．大陸棚の縁が生活の場として好まれるらしい．

　コマッコウとオガワコマッコウも，世界中に分布する．前者は温帯，亜熱帯，熱帯の水深の深い外洋で発見される．後者はそれよりも暖かい海に出現する．

　コマッコウ属の 2 種は，頭の背部を水面に出し，尾鰭をだらりと下げて，1 日の多くの時間を水面で静かに横たわっている．コマッコウは臆病で，ゆっくりと泳ぐ．彼らがボートに近寄ることはしないが，水面に横たわって動かずにいるので，ボートが彼らに容易に近づくことはできる．彼らは呼吸のために，ゆっくりと慎重に水面に浮上して，ひっそりと息を吐く．コマッコウ属はおどろいたり，苦しんだりしたときに，赤褐色の腸液を排出する．これは，タコの墨汁のように，大型のサメやシャチなどの天敵から逃げるのに役立つのであろう．コマッコウ属は，深海の弱い光でも機能するように適応した眼をもっている．

　コマッコウやオガワコマッコウの繁殖戦略については，ごくわずかのことしかわかっていない．両種とも，性的二型はみられない．この性質は，成熟した雄の大きさが繁殖に優位性を与えるようで，極端に性的二型が強いマッコウクジラと著しく対照的である．コマッコウ属はそれゆえに，マッコウクジラとは違った交尾体制をもっているのかもしれない．

　雌のマッコウクジラは約 30 歳で肉体成熟に達するが，雄は約 50 歳になるまで成長を続ける．成熟して大きな雄（20 歳代またはそれ以上）は，極域から赤道まで旅をする．そして赤道域で，交尾を受け入れる雌を探して，群れの間を動き回る．雄が 1 年に 1 回，あるいは 2 年に 1 回の頻度で繁殖場に戻るかどうかはわかっていない．雄が雌の群れの中で過ごす時間は，2～3 分から数時間である．繁殖期の雄は，ちょうどゾウの発情期の雄のように，互いを避ける．しかしながら，成熟した雄の頭部にみられる深い傷痕で明らかなように，時によっては互いに闘争する．これらの傷痕の幅の長さから，この傷が他の雄の歯によって生じたことは疑いない．

　コマッコウは 2 年ごとに子供を産む．

▶右　　アゾレス諸島の近くで母親，雌の子供，新生児からなる家族集団が一緒に泳いでいる．マッコウクジラは出生時に体長約 4 m，体重 1000 kg になる．子供は 1 歳までに固形物を食べ始めるが，数年間授乳が続く．

マッコウクジラ類

すなわち，妊娠と授乳を同時に行うのである．これと対照的に，マッコウクジラは，はっきりしないが，14～15か月の妊娠期間があって，ほぼ5年に1回出産する．雌の繁殖率は，年齢とともに減少する．

クジラの共同体における保育
社会行動

雌のマッコウクジラは，群れをつくる性質が強い．その社会生活は，長い間一緒に生活して密接な関係をもつ，約12頭の雌とその子供から構成される家族単位を基本とする．そして，2つまたはそれ以上の家族集団が，約20頭の結束した群れをつくり，数日間一緒にいる．これはおそらく索餌の効率を高めるか，少なくとも，同じ水域で索餌する異なった家族集団間の競合を減らすためであろう．

雌と対照的に，雄は6歳ごろ，生まれた群れから離れて，「若者組」をつくる．雄は年をとるにつれて，しだいに小さな集団となる．成熟した雄が他の雄とつくる集団が1日以上続くことはない．しかしながら，雄の群れが集団で座礁する例があることから，彼らに社会関係が全くないことはなさそうである．

雌のマッコウクジラが子守として別の母親の子供を保育するような行動をとることは，他の種類のクジラでも起こりうる現象である．索餌する深さまで子供が母親と一緒に長い間潜水できないことは明らかである．しかし，子供が水面に独りで残されては，サメやシャチの攻撃に対して危険であろう．そこで，子供を抱える群れの構成員の中で，2～3頭の成熟個体が交代で常に水面にとどまって，子供を保育する．家族集団の中のこのような構成員による保育に加えて，雌が自分の子供でない子供に乳を与えるという，決定的ではないが，強力な証拠がある．

天敵から身を守るマッコウクジラの社会集団はまた，集団の他の個体を保護するまでに防衛体勢を拡大する．集団ががっちりと固まって互いに協力し，頭部を中心にして体を花びらのように放射状に配列し，菊の花の形をつくる．その逆に，頭部を花びらの外側にすることもある．前者の場合には，尾鰭を外敵からの防御に使い，後者では顎がその役目をする．

場合によっては，それぞれの個体が危険をおかして他の個体を助けることがある．カリフォルニア沖でのよく知られた事例として，シャチの攻撃を受けたマッコウクジラが，シャチによって群れから引き離されて重傷を負った個体を救助するために，その個体を中心にして，群れが菊の花の隊形をつくって，集団で傷ついた個体の安全を確保する行動をとったことが観察された．

雌のマッコウクジラは1日に数時間，休息をとるためなのか，社会活動に参加するためなのか，とにかく水面に規則的に集まる．彼らは互いに体を平行にし，「搬出される伐木」（動かない材木に似ているため）と呼ばれる行動をとったり，水中で体を捻ったり，回転したり，互いに転げ回ったり，触れ合ったりしている．雌や子供はまた，約1時間に1回の割合で，水面から跳躍したり，尾鰭をばたつかせたり，頭を水面に垂直に出したりする．しかしながら，これらの行動はほとんど常に水面での社会行動の時間の始まりか終わりと一致してとられる．

これらの社会行動の時間の間，マッコウクジラはしばしば「コーダ」（3～20回の，決まった型のクリック音の連続）を発声する．モールス信号を思わせるよう

潜水の優勝者

マッコウクジラはすべての海獣類の中で，潜水競技に優勝すると考えられる．彼らは水中音波探知機で測定して，正確に1200m潜水したという記録があり，1140mの海底に敷設した電線に絡まって死んだマッコウクジラが回収されたことがある．この海底で彼らはおそらくそこに生息していたイカを餌として食べていたのであろう．1～2時間潜水していた成熟した雄の胃の中から，小型で底生のサメであるビロウドザメ属（*Scymnodon*）2尾が発見された．この海域の水深は約3200mであったことから，このクジラはその深さまで潜水する能力があることが示唆された．マッコウクジラが餌を求めて，間違いなく海底まで潜水するという事実は，石から缶詰の空き缶まで，このクジラの胃袋からいろいろな物が発見されていることから証明されており，このことはマッコウクジラが海底の泥を呑み込むことも示唆している．

雌も1000mの深さまで，1時間以上潜水するらしいが，成熟した雄は最も深く，最も長い間潜水する．赤ん坊や子供は30分，700mくらいしか潜水できない．雌はしばしば子供を連れているので，潜水能力はあるのだが，その範囲が限られている．しかしながら，養育群の中では多くの個体が集まっており，子供を共同で保育する習性があるので，子供は一時的に他の雌に預かってもらい，その間に母親は，子供がいては不可能な，より深いところまで，餌を探しに潜水することができる．

マッコウクジラは，集団で潜水すれば，ほとんど何でも一緒にできるようである．彼らは長くて深い潜水から水面に浮上し，呼吸して酸素を補給し，2～5分後には再び潜水する．数回長い潜水をした後は，疲労が限界に達しているので，長い間水面でだらだらと過ごすことによって疲れを回復する．

マッコウクジラの水中降下と上昇の速度は，驚くほど速い．降下中の最速記録は平均分速170mであり，上昇時では140mであった．マッコウクジラがこの優れた能力を可能にした適応の仕方は，他のクジラ種と類似しているが，マッコウクジラの場合はもっと効率的である．たとえば，マッコウクジラは呼吸によって酸素をその貯蔵組織に，陸上動物の2倍，ヒゲクジラやアザラシよりもずっと多くの，50%まで蓄積することができる．

マッコウクジラの著しい特徴は，頭の上部の大部分を満たす，巨大な脳油嚢である．この器官は，浮力の制御を目的とすると考えられている．この学説は，この器官を通過する鼻道と洞が，融点29℃の蠟分を温めたり冷やしたりして，浮力を制御することができるというものである．暖かい表面水から冷たい深海に潜水するにつれて，頭の鼻道に流れ込む水が，このクジラの正常な体温である33.5℃〔訳注：マッコウクジラの体温の正常値は36～37℃のはずであり，この値は低すぎる〕から，急速に頭の蠟分を冷やすように制御する．その結果，蠟分が固化し，収縮して，頭部の密度を上げて降下を助ける．上昇する際には，頭部の毛細血管に行く血流を増加させ，蠟分を温めて体積を増やし，頭の比重を下げて，疲れたクジラを水面に引き上げるための浮力を増加させる． CL

●下　マッコウクジラの1つの群れの構成員が，傷ついた1頭の仲間を囲み，「菊の花」隊形をつくる．この習性が，捕鯨者によって1頭ずつ容易に捕獲されて群れから引き抜かれるのを許すので，かえってクジラにとって災害を引き起こすことになる．

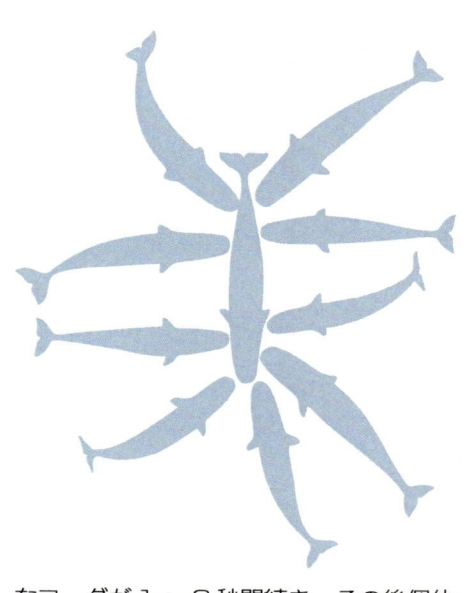

●上　マッコウクジラは，この隊列をなして前進している群れでみられるように，非常に強い迫力をもっている．潜水艦を思わせる背中の盛り上がりが，ここでは目立っている．そして，右端の個体が斜め前に噴出した噴気が，はっきりとみえる．

なコーダが1～2秒間続き，その後個体間の声の交換，あるいは「会話」がしばしば聞こえる．コーダは交信の一つの形式である．したがって，1頭のクジラが「ギ，ギ，休止，ギ」と発音すると，もう1頭のクジラが「ギ，ギ，ギ，ギ」と答えるかもしれない．この2頭のクジラの声は，こだまのような音の2重奏となる．同じコーダをほとんど同時に発することができるのである．雌の集団は，約12種の普通に使われるコーダ（「方言」）の明確なレパートリー（常に演奏可能な曲目）をもっており，それは地理的に変化する．このコーダのレパートリーは家族集団の文化として伝えられ，母親と家族からその子孫に引き継がれると思われる．

もっと普通に，マッコウクジラは，1秒間に約2回繰り返される，「通常の」クリック音といわれる，正確に間隔を置く反響定位のためのパルス音を発声する．また，レパートリーの中に，「きしみ」といわれる，ギーギー鳴る音で知られるクリック音の流れがある．これらの2種の音が合わさって，きしみ音が生まれる．きしみ音は社会行動のとき，あるいは餌を追い掛けるときに使われ，餌の位置を絶えず把握するのに役立つのであろう．

6秒間に1回の割合で発せられる「ゆっくりした」クリック音は，大型の繁殖期の雄に特徴的である．このゆっくりしたクリック音は，他の成熟雄の存在とその体長，健康状態，他の雄を追い払うこと，雌の気を引くこと，反響定位音を発する個体を助けるために他のクジラを追い出すことなどに使われると考える．マッコウクジラの発音はほとんどすべてクリック音（イルカが発するホイッスル音でなく）からなる点で，他の社会性のあるハクジラ類とは例外的であることが注目すべき点である．

コマッコウ属の種類は，マッコウクジラより社会性が低い．コマッコウは単独または6頭以下の群れで生活しているが，オガワコマッコウは10頭以下の個体が一緒にいる．マッコウクジラと対照的に，雄のコマッコウは雌や子供と一緒におり，未成熟個体の群れもつくる．マッコウクジラ科の3種はすべて，座礁することが知られているが，コマッコウは特にその傾向が強く，クジラ類の中で最も頻繁に座礁する．実際に，コマッコウ属についての知識の多くは，座礁した個体の資料に由来する．

過去の利用，現在の危険
保護と環境

世界のマッコウクジラの資源量の推定値は，20万～150万頭である．マッコウクジラは国際自然保護連合（IUCN）のレッドリストによると，危急種に分類されており，国際捕鯨委員会（IWC）が1986年に実施した措置により，現在商業捕鯨が禁止されている．コマッコウ属の個体群数は少ないが，それはまだ正確に把握されてはいない．

しかしながら，歴史的にみて，マッコウクジラの人間の文明への寄与は多大であった．この巨大な動物の脳油や脂皮の油は，産業革命において燃料を大量に供給した．第2の捕鯨の波は20世紀に起きて，機械化された捕鯨船と爆発銛の使用によって，毎年3万頭に達するマッコウクジラが捕獲される結果となった．巨大な体長と，それに比例した量の脳油によって，大型の雄は捕鯨者の主要な目標になり，捕鯨者はこれまでに高級な工業用潤滑油としてマッコウ油を市場に供給した．この捕鯨は南東太平洋でまだ続いており［訳注：この海域では1981年までにマッコウクジラの捕獲を停止している］，この海域では現在大型の雄はまれになり，繁殖率があまりにも減少して，この個体群の長期的に生き残る可能性は疑わしい状態にある［訳注：この記載は誤りで，今でも数多くのマッコウクジラがこの海域に分布している］．

IWCのマッコウクジラの資源モデルによれば，資源の成長率は小さく，たとえ理想的な状態であっても，年間1頭以下である［訳注：何頭の資源量の中での値を指すか不明］．マッコウクジラはまた，漁具によって混獲されたり，ポリ袋で胃が詰まったり，船に衝突したりする．化学汚染物質が脂皮に蓄積され，マッコウクジラの汚染物質の蓄積度は，最も高い沿岸性のイルカと，ヒゲクジラの中間にある．

マッコウクジラの生活のすべての局面が音に強く依存しており，深海においては音がさらに頻繁に使われるので，人間による音響公害がこのクジラの生存にとってさらなる脅威となることが考えられる．船の運航，水中爆発，音響地震探査，海底石油の掘削，軍事音響と訓練，海洋実験などのすべてが，近代世界における海中騒音の水準を増加させている．マッコウクジラはこのような脅威に対して強く反応する．たとえば，1983年のアメリカ軍のグレナダへの侵攻の間，軍が出す音に反応して，マッコウクジラは沈黙してしまい，餌を探すのをやめたと推定されている．彼らはまた，地震調査船が数百kmも離れたところで作業しているときにも，これと同じようにその音に反応したようである．　　　　LW/HW

クジラ目

コククジラ
Gray Whale

コククジラはヒゲクジラ類の中で最も沿岸性であり，海岸から1km以内で発見されることがしばしばである．この沿岸を好む性質と，メキシコの繁殖海域である礁湖で人との接触を許す性質によって，人に最も知られたクジラの種となっている．毎年何千人もの人が，カリフォルニアの海岸を泳いで通過する，この「灰色の」クジラを観察している．

コククジラは，夏の北極における索餌場と，冬のメキシコのバハカリフォルニアにおける波静かな繁殖場との間を行き来する際に，毎年秋と春に北アメリカの西海岸に沿って回遊する．彼らの回遊距離はどの哺乳類よりも長く，中には北極のパックアイス（叢氷）の張った海域と亜熱帯海域との往復に，毎年2万400km近くもの距離を泳ぐ個体もいる．

大型で，フジツボがつく
形態と機能

コククジラの体長は平均12mであるが，15mに達する個体もいる．体色は暗灰色ないし明灰色であり，クジラ類の中で寄生生物がたくさん体につく種類の一つである．フジツボとクジラジラミはともにこのクジラの体表面にぎっしりとついて生きている．フジツボは特に，比較的幅が狭くて弓なりの形をした上顎部，噴気孔のまわり，背中の前部に多い．1種のフジツボと3種のクジラジラミがコククジラに特異的な種類であり，それらの種類は，これまでのところ，他のクジラ種からは発見されていない．白子（アルビノ）のコククジラも目撃されたことがあるが，そのような例はきわめて珍しいと思われる．

コククジラには背鰭がないが，背中の後ろから3分の1の部分に8～9個のこぶ状の隆起の列がみられる．くじらひげ板は黄色がかった白色であり，他のヒゲクジラのそれよりもずっと厚く，短く，長さが38cm以上になることはない．コククジラのくじらひげが頑丈にできているのは，他のクジラが単に水中の餌を濾し取るのに対して，コククジラは海底を掘ってその堆積物を濾し取る性質があるからであることは疑いない（コラム「深海での収穫」を参照）．喉の下に体軸に沿って，約2mの長さで40cm離れた2本の溝がある．このクジラは，餌を食べるときに，喉のこの溝の部分を膨らませることによって，口の容積を大きくして，たくさんの餌を口に含むことができるのである．

回遊の間，コククジラは時速約8kmで遊泳するが，ストレスがかかると，20kmに時速を上げることができる．回遊中，3～4分ごとに水面に浮上し，3～5回呼吸しながら，昼も夜も休みなく泳ぐ．噴気の高さは低く，両方の噴気孔から二股に分かれて，一気に吹き上がる．最後の呼吸をして潜水する際に，しばしば尾鰭を水面に上げる．

コククジラの鳴音のレパートリーに

●下　小さな宝石で飾られた洞窟のようなフジツボの塊が，コククジラの噴気孔を囲んでいる．大型のクジラ類の大部分がフジツボの宿主となっているが，コククジラは特に多くこれに覆われている．これらのフジツボの塊の中や周囲には，体長2.5cmの，小さくて白っぽく，クモのような形をした甲殻類のクジラジラミが生息している．

コククジラ

コククジラ gray whale, California gray whale, devilfish
学名：*Eschrichtius robustus*
科：コククジラ科　Eschrichtiidae
1属のみ

分布：2つの個体群がある．東部太平洋系すなわちカリフォルニア系個体群は，バハカリフォルニアから太平洋岸に沿って，ベーリング海，チュクチ海にかけて分布する．西太平洋系群は，韓国［訳注：中国海南島］からオホーツク海にかけて分布する．

北極圏

生息環境：通常は，水深100 m以浅の沿岸水域．

大きさ：(雄) HTL：11.9～14.3 m，WT：16 t.
(雌) HTL：12.8～15.2 m，WT：31～34 t (妊娠時)．

形態：まだらな灰色．普通はフジツボとクジラジラミが斑点状に体表面を覆っている．背鰭はないが，低い隆起が背の後ろ半分にある．喉に2本の溝がある．くじらひげ板の色は白い．噴気は2条で，短く，灌木状．

餌：底生の端脚類と種々の浮遊性甲殻類．

繁殖：妊娠期間13か月，隔年に1頭の子供を産む．

寿命：性成熟年齢6歳，肉体成熟年齢40歳，最長寿命77年．

保護の状態：一般的にLRに分類され，西太平洋系個体群はEnであるが，東太平洋系個体群はcdである．

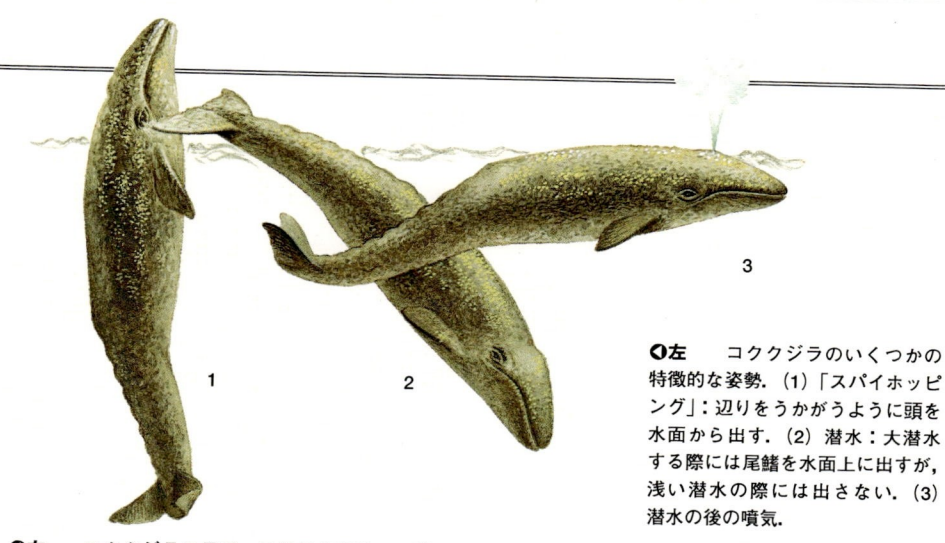

○左　コククジラの母子．子供の皮膚は，フジツボがたくさんついている成体と比べると，滑らかで艶がある．子供は普通12月下旬～2月上旬に生まれ，出生時には体重が500 kgにもなるが，そのときにはまだ，北極海の冷たい水温に耐えるのに必要な厚さの脂皮を備えていない．

○左　コククジラのいくつかの特徴的な姿勢．(1)「スパイホッピング」：辺りをうかがうように頭を水面から出す．(2) 潜水：大潜水する際には尾鰭を水面上に出すが，浅い潜水の際には出さない．(3) 潜水の後の噴気．

は，ブーブー鳴く音，拍子木を叩くような音，カチカチ鳴る音，うめき声，戸を叩くような音などが含まれる．バハカリフォルニアの礁湖では，子供も，波長の低いパルス波の音を出して，母親に呼び掛ける．しかし，コククジラの鳴音は複雑ではなく，他のクジラ類が発するような社会的重要性をもったものではないようである．彼らの交信の本当の意味は，大部分についてわかっていない．

太平洋の岸に沿って
分布型

現在，コククジラは，カリフォルニア系と西太平洋系の2つの個体群だけが存在する．かつて北大西洋にも分布していたが，おそらく捕鯨によって，1700年代に消え去った．

カリフォルニア系のコククジラは，メキシコのバハカリフォルニアの砂漠の半島にある，ラグナオヨリエブルやラグナサンイグナシオのような礁湖で，冬に子供を育てる．彼らはセント・ローレンス島に近い北ベーリング海から，ベーリング海峡を通って，北極海のパックアイスの縁に近接したチュクチ海にかけての海で夏を過ごす．この個体群の小さな一部分が，北カリフォルニアからアラスカ湾までの北アメリカ沿岸でも夏を過ごす．

西太平洋系のコククジラが近年夏を過ごす唯一の知られた海域は，オホーツク海のサハリン島の近くにある．この100頭しかいない個体群は，毎年秋に日本の東西両岸を通って南に回遊するが，繁殖場はわかっていない［訳注：繁殖場は中国の海南島の近くの海であると推定されている］．

繁殖場から索餌場へ
社会行動

コククジラは8歳ぐらい（5～11歳）で思春期に達し，そのときの平均体長は雄が11.1 m，雌が11.7 mであり，40歳ぐらいで肉体成熟に達する．他のヒゲクジラ類と同様に，雌が雄よりも大きいが，それは子供を産んで育てるという，雄よりも大きい肉体的要求を満たすためであろう．雌は1年強の妊娠期間の後に，体長約4.9 mの1頭の子供を隔年に産む．

コククジラは回遊に適応しており，生活史と生態の種々の側面が，北極と亜熱帯との間の，この年間の移動の繰り返しを反映している．カリフォルニア系の個体群の大部分が，5月から11月の間を，北極の海で過ごす．

北極の冬が始まると，コククジラの索餌場は氷に覆われ始める．彼らはそのころになると，繁殖場である，波静かな礁湖へ向かって回遊を開始する．子供は1月10日を中心とする5～6週間のうちに産まれる．産まれたときには脂皮のコートを着ている．このコートは，暖かい礁湖では体温を保つのに十分であるが，北極の海の冷たい水に耐えるには薄すぎる．生後数時間は，子供の呼吸や泳ぎ方はぎこちなく，母親が時々背中や尾鰭で支えて子供を水面に押し上げて，呼吸を助けなければならない．子供は約7か月間母親に養育されるが，その間に浅い礁湖で運動能力を身につけることから始めて，北へ回遊する際に一緒に行動するのに必要な親子の絆を確立する．そして，子供は夏を過ごす海域で離乳する．北極の海に到着するまでに，母親の乳を飲んで，脂皮の防寒コートを厚く身にまとうようになる．メキシコの礁湖やカリフォルニアの南部の海では，子供は体を触れんばかりにして母親にまとわりついているが，5月下旬～6月にベーリング海に到着するまでに，泳ぎが上手になり，母親から離れて力強く跳躍するのがみられるようになる．

回遊路が海岸に接近しているので，コククジラは，南北どちらに向かって回遊するかによるが，必ず右か左に一定して陸がみえるようにして，浅い海を泳ぎ続ける．回遊路に沿っていくつかの地点で，スパイが辺りをうかがうような，「スパイホッピング」と称する行動をとるのがしばしばみられる．スパイホッピングをするには，クジラは水面に頭を垂直に突き出し，その後体を水平にしながら，後ろ向きにゆっくりと水に沈む．この行動は，「跳躍」とは対照的である．跳躍行動は，クジラが体の半分以上を水面から跳ね上げて，その後大きな水飛沫を上げて，体側から水面に落ちるのである．コ

○上　交尾の儀式の一部として，コククジラの雄と雌は，並んで泳ぐようにして，互いを優しく愛撫する．雌が雄の積極性を拒否しない場合に，瞬間的に交尾が行われる．交尾は10～30秒間しか続かないが，繰り返し行われる．

○右　コククジラの陰茎は紅色で，柔軟である．長さは2m，根元の幅は20cmである．陰茎がたるんだときには，腹腔の中にS字状に折り畳まれる．

ククジラは近接した海岸の地形を眺めるためにスパイホッピングして，彼らの回遊途中の現在位置を確かめることが十分に考えられる．

交尾その他の性的行動は，1年のすべての期間で観察されるが，ほとんどの受胎は南下回遊の期間の12月中旬付近を頂点とする3週間内になされる．

コククジラの交尾は，5頭かそれ以上の個体が一緒にぐるぐる回ったり，ひしめき合ったりすることに関係すると思われるが，いつ受胎したかはわからない．交尾する1組を支えるために，もう1頭が必要だろうと推測している人もいるが，もしそうであれば，これは協力行動の極端な例としてあげられよう．

カリフォルニア沖では，繁殖状態，性，年齢に従って，順次に回遊群が通過する．南下回遊の際には，妊娠後期の雌が先頭である．これはおそらく暖かい海で出産するという，クジラの生理的緊急性に適応したものであろう．次に，その年の夏に子供を離乳させた，非妊娠雌が回遊する．その後，未成熟の雌と成熟した雄が続き，最後に未成熟の雄が回遊してくる．北上回遊の場合には，最初に新たに妊娠した雌が通過する．これはおそらく腹の中で成長する胎児を育てるために，北極の海で長く過ごして，餌をとる時間を最大にするために道を急ぐからであろう．成熟した雄と非妊娠雌がこれに続く．その次に未成熟の雄と雌が続き，最後に，産まれた子供を伴う母親がゆっくりと北上回遊する．

回遊が進むにつれて，群れの大きさが変化するのが観察されている．南下回遊の初期においては，単独個体が最も多い．これは間もなく生まれる胎児を宿した雌が大部分であろう．そして，この時期には6頭以上の群れはいない．先行するクジラは脇目も振らずに泳ぎ，回遊路から外れることはめったにない．このことは，出産するために南に向けて急いでいることを示唆している．その後の回遊の期間においては，2頭連れが優勢であるが，回遊の中期には11頭の群れもみられる．この大きな群れは，特に回遊の後期に向けては，道草を食う傾向がある．

出産場では，雄と若者が礁湖の入り口付近に集中し，クジラが体を横や縦に回転させたり，性的な遊戯をしたりするのがみられる．その一方で，親子は礁湖の奥の浅いところを利用しているようである．北極海では，100頭またはそれ以上のコククジラが，ほぼ同じ海域に，餌を食べるために集まることがある．

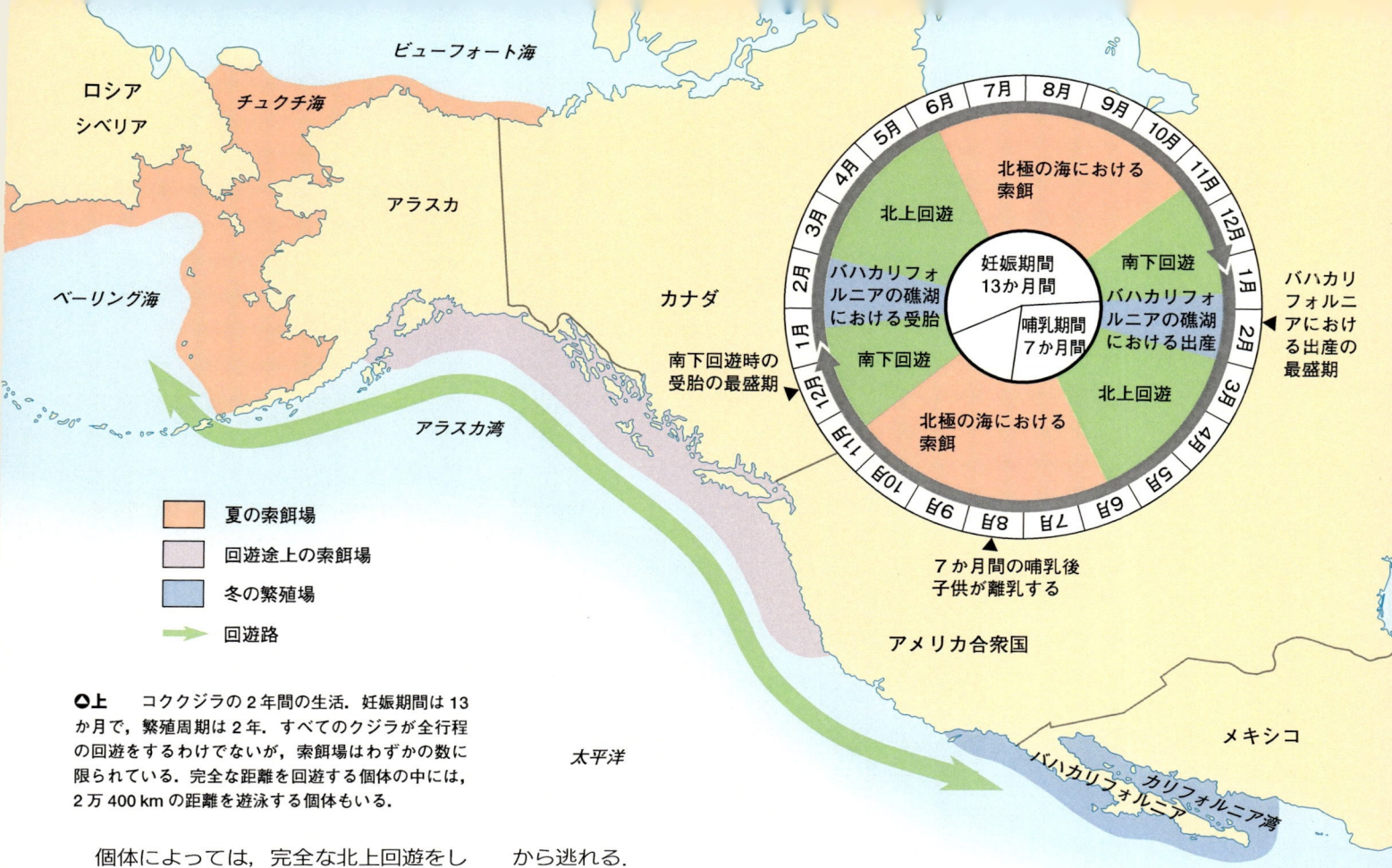

ロシア
シベリア
ビューフォート海
チュクチ海
アラスカ
カナダ
ベーリング海
アラスカ湾
太平洋
アメリカ合衆国
メキシコ
バハカリフォルニア
カリフォルニア湾

■ 夏の索餌場
■ 回遊途上の索餌場
■ 冬の繁殖場
→ 回遊路

【円図】
妊娠期間 13か月間
哺乳期間 7か月間
北極の海における索餌
北上回遊
バハカリフォルニアの礁湖における受胎
南下回遊
バハカリフォルニアの礁湖における出産
北上回遊
北極の海における索餌
南下回遊
4月/5月/6月/7月/8月/9月/10月/11月/12月/1月/2月/3月/4月/5月/6月/7月/8月/9月/10月/11月/12月/1月/2月/3月

南下回遊時の受胎の最盛期
バハカリフォルニアにおける出産の最盛期
7か月間の哺乳後子供が離乳する

◑上　コククジラの2年間の生活．妊娠期間は13か月で，繁殖周期は2年．すべてのクジラが全行程の回遊をするわけでないが，索餌場はわずかの数に限られている．完全な距離を回遊する個体の中には，2万400 kmの距離を遊泳する個体もいる．

　個体によっては，完全な北上回遊をしないものもいる．たとえば，ある個体は，北上・南下回遊時において，8～9か月間，ブリティッシュ=コロンビア沿岸の同じ海域に滞在する．また，ある個体が毎年の夏に同じところに戻ってきたという記録がある．同様に，小さな群れが，夏に，北カリフォルニアからアラスカにかけてのところどころに滞在する．これらの滞在者には，子連れの雌を含む，すべての年齢の両性の個体が存在するようである．これは完全な回遊に対する代替の摂餌戦略であろう．しかし，北部ベーリング海よりも南には，索餌海域はほとんどなく，個体群全体の中のごくわずかな部分に対してしか，彼らの栄養の摂取を支えられないだろうから，途中の海域にとどまることができるのは，ごくわずかの個体だけであろう．

　コククジラの人間以外の唯一の天敵は，シャチである．シャチによるコククジラへの攻撃が数件観察されており，被害の最も多いのは親子連れであり，自分で身を守ることのできない子供が襲われる．シャチは，噛みつきやすい，コククジラの唇，舌，尾鰭を特に攻撃するようである．子連れの親は，子供を保護するように，シャチと子供の間に割って入る．攻撃を受けると，コククジラは浅瀬の海藻の茂みに向かって泳ぐ．シャチはここへは進入するのをためらうようである．コククジラは素早く泳いで，海藻の茂みに避難することによって，シャチの攻撃から逃れる．

捕獲に対する人質の状態
保護と環境

　西太平洋系のコククジラは，個体数が非常に少なく，最も絶滅の危険のあるクジラ類の一つである．20世紀の最初の3分の1に当たる期間での強い捕鯨圧と，その後の飛び飛びの捕鯨が，この悲惨な資源減少の原因であることは疑いな

◑下　若いコククジラが初めて出産したときには，母親とその子供の間にうまく調整がとれないが，母親は時々子供の呼吸を助けるために，子供を背中に乗せて水面に上げることがある．しかしながら，子供が少し大きくなると，母親の背中に乗って遊ぶようになる．

い［訳注：現在では，回遊路に当たるアジア地域の急速な社会開発が，資源の回復を妨げている］．

何千年もの間，イヌイット，アリュート，その他の先住捕鯨民族がカリフォルニア系のコククジラを，分布の北の海域で捕獲してきた．1850年代からアメリカ式捕鯨者がコククジラの繁殖する礁湖から回遊路に沿って捕獲を始め，捕鯨船の船長のチャールズ・スキャモンが，1874年に，この資源は間もなく絶滅するだろうと予測したほど大量に捕獲された．カリフォルニア系コククジラがわずかにしか生き残っていない状態にまで減少した1900年までに，捕鯨は実質的に終わった．そして，1913年に捕鯨が再開され，国際捕鯨委員会（IWC）が設立された1948年までまばらに捕獲が続いた．IWCはコククジラの商業捕鯨を禁止しているが，チュクチ半島で生活しているチュコト民族のために，先住民生存捕鯨を許している．現在ロシアは140頭［訳注：実際は135頭］の捕獲枠をもっている．アメリカはワシントン州の先住民マカ族による年間5頭の捕獲枠をもっている．

捕鯨活動の減少以来，カリフォルニア系のコククジラは着実に回復してきた．現在の個体群量は2万5000頭であり，満限状態に近くなって，その成長が止まり始める兆候がみられる． JD/AT

○右　1頭のコククジラの子供が跳躍している．頭を海面に突き出す「スパイホッピング」でなく，「跳躍」は，体の半分以上が海面から飛び出て，その後，体の側面から海面に落ちる．

深海での収穫

北極海のパックアイスが春に後退して，北極の夏の海が24時間日光に照らされるようになると，表層から海底までプランクトンが爆発的に増殖する．コククジラはその結果生産される，莫大な量の餌を利用するように適応している．5月から11月まで北極海に滞在している間に肥って，それ以外の季節に暖かい海で何も食べずに，子育てする体力を維持するのに十分なエネルギーを蓄積する．冬の間は，彼らの夏の索餌場は氷で覆われている．彼らが翌年索餌場に戻るまでに，体重の3分の1が失われる．

コククジラは水深5～100mの浅い海で餌を食べる．彼らの餌は海底の上またはそれから2～3cm厚く積もっている沈殿物の中にいる，端脚類と等脚類（ともに甲殻類に属する），多毛類，軟体類である．ヨコエビ亜目の *Ampelisca nacrocephala* はおそらくコククジラによって最も普通に食べられている餌生物である．コククジラは餌をとるために海底まで潜水し，体を横（通常は右）に捻り，海底に頭の片側を突っ込んで，砂や沈殿物と一緒に無脊椎動物の餌を口一杯に頬張る．次に，くじらひげを通じて混合物を濾し出すので，浮上する際に，砂や泥の長い濃紫色の帯が後ろに棚引く．餌が口の中に飲み込まれ，2～3回呼吸してから，再び潜水する．コククジラが餌を食べる際に，海底に穴を残す．ある科学者は，コククジラがそのようにして効率的に海底を耕し，それがおそらく次の年の餌の生産力を増すと想像している．

コククジラは原則として海底で索餌する動物であることが知られているが，アミ類，カニ類の幼生，ニシンの卵，小型のサカナ類のような，水中にいる種々の小さな浮遊性の動物も食べる．索餌の大部分は夏になされるが，機会があれば，回遊途上や越冬場でも索餌する．

ツノメドリ，シロカモメ，キョクアジサシなどの数種の海鳥が，餌を食べているコククジラと一緒にいることがある．それらの鳥類は明らかに，クジラが浮上しながら餌を濾している間に，くじらひげからこぼれ出る甲殻類を食べているのである．この2者が混在する現象は，鳥類の潜水可能深度よりも深い海底にしかいない無脊椎動物が，なぜ大量に鳥類の胃袋に入っているのかという難問に対する回答を与えてくれる．

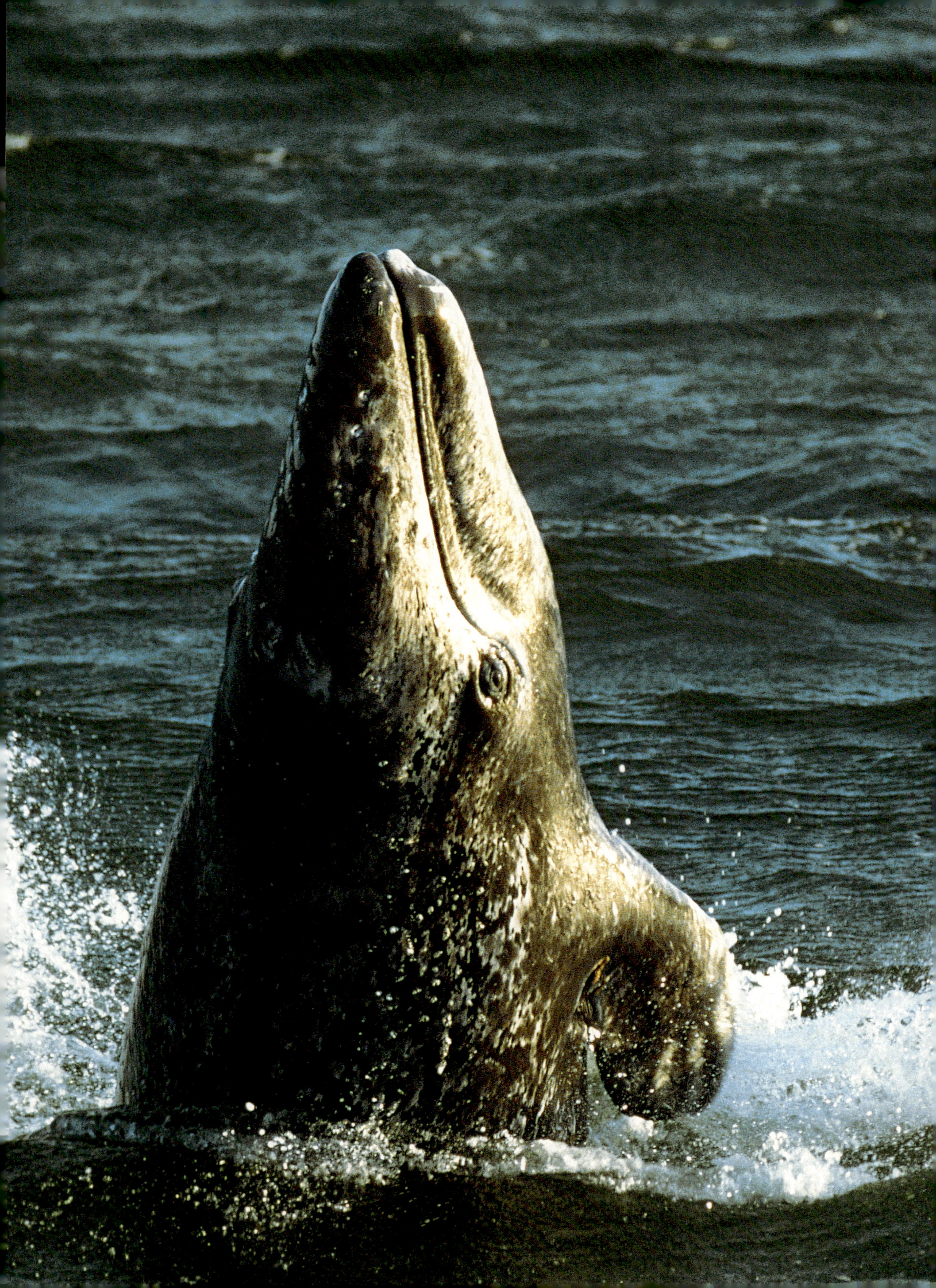

ナガスクジラ類
Rorquals

クジラ目

このグループのクジラの中には，地球最大の動物がいる．体重が6tあるアフリカゾウの25倍の150tにもなる，シロナガスクジラである．また，ナガスクジラ類には，最も声の調べが美しく，活気に溢れたザトウクジラも含まれる．このクジラは，奇妙で幅広い音を出すばかりでなく，水面から飛び出て，時にはトンボ返りもして，派手な曲芸を演じる．

ナガスクジラ類の英名"rorqual"は，ノルウェイ語に由来し，「溝状の筋のあるクジラ」を意味する．それは，このクジラ類の特徴である，「畝」と称する皮膚の長い溝が何本も下顎から腹にかけて伸びていることと関連する．多くのナガスクジラ類が熱帯の繁殖場と極帯の索餌場との間を毎年繰り返して回遊し，大洋を南北に横切って，非常に長い距離を旅する．大型の種は過去100年以上にわたって徹底的に捕獲され，その結果，個体群の量がきわめて減少している［訳注：クロミンククジラのように，長い間捕獲されないうちに，それまで以上に増えた種もあるし，ザトウクジラのように，捕獲されても，現在では資源がかなり回復した種もある］．

深海の巨大な存在
形態と機能

滑らかで流線型をしたナガスクジラ類は，イワシクジラ［訳注：ミンククジラ，クロミンククジラも］を除き，畝といわれる皮膚の並んだ溝が，下顎から臍まで伸びている．餌をとるときに，この畝が膨らんで，口が大きく体積を増す．死んだクジラの写真をみると，畝がたるんでいる．昔はそれを基にして，形のゆがんだ，気味の悪い，間違った，できの悪いクジラの絵が描かれていたが，実際には，生きているナガスクジラ類は，水中では畝が締まって，滑らかな形をしているのである．

同じ種でも，南半球産のクジラは北半球産の個体群よりもやや大きく，すべての種類で，雌が雄よりもやや大きく成長する．頭は体長の4分の1を占め，ザトウクジラを除いて，噴気孔から吻端にかけて，中央の隆起が明瞭に走る．ニタリクジラは，この隆起の両側に1対の隆起が走る．すべての種類で，下顎は横に湾曲していて，上吻の端よりも前に出ている．

胸鰭は，ザトウクジラを除いて，披針(ひらき)のような形をしていて，幅が狭い．ザトウクジラの胸鰭は，前縁がいぼの連続したような凸凹模様で縁どられ，体長のほぼ3分の1の長さである．背鰭は体の後ろの約3分の1に位置している．尾鰭は幅広く，後縁の中央部に顕著な切れ込みがある．ザトウクジラの尾鰭は特に幅が広い．ナガスクジラ類の噴気は頭頂にある1対の噴気孔から噴出されるが，噴気はひと塊の形にみえる．そして，その高さと形は，種類によって異なる．

▽下　このオーストラリアのグレートバリアリーフのまわりの海域で泳いでいるクジラは，ドワーフ型［訳注：矮小型の亜種］のミンククジラであり，平均体長は7mである．この大きさは，巨大なシロナガスクジラに比較してはるかに小さい．20世紀の初期に南極海で捕獲された雌のシロナガスクジラの最大体長は，33.58mあった．

ナガスクジラ類

ナガスクジラ類　rorquals
目：クジラ目　Cetacea
科：ナガスクジラ科　Balaenopteridae
2属　8種［訳注：現在では9種］
ナガスクジラ属（*Balaenoptera*：シロナガスクジラ，ナガスクジラなどを含む7種［訳注：現在では8種］）とザトウクジラ属（*Megaptera*：ザトウクジラ1種）

分布：すべての主要な大洋．

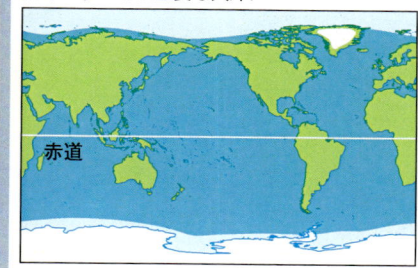

生息環境：ニタリクジラとイーデンクジラを除く全種類が，夏季の極域における索餌場と冬季の温暖な海域における繁殖場との間を回遊する．

大きさ：HTL：ミンククジラの9mから，世界最長のシロナガスクジラの27mまで．WT：上記の両種の9tから150tまで．すべての種で，雌が雄よりもやや大きく成長する．

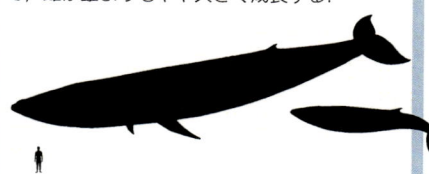

形態：流線型で，背中が黒色または灰色であり，多くの種の腹側と胸鰭の裏側が白い．口蓋の両側に下がる250〜400枚のくじらひげ板で，餌を濾して食べる．餌を食べるときに，下顎から腹部にかけて刻まれる何本もの畝が広がる．尾鰭は幅が広く，中央に明瞭な切れ込みがある．

餌：オキアミ，端脚類，サカナなど，種によってその割合が違っている．ニタリクジラは主としてサカナであるが，シロナガスクジラはほとんどオキアミばかりを食べる．

繁殖：受胎後10〜12か月で1頭の子供を産む．ほとんどの種類が2年の繁殖周期をもつ．

寿命：ミンククジラの45年から，大きな種類で100年以上．

後掲の種の表を参照のこと．

7つの海を越えて
分布型

シロナガスクジラ，ナガスクジラ，イワシクジラ，ミンククジラ，ザトウクジラは，世界のすべての主要な海洋でみられる．彼らは夏を極海の索餌場で過ごし，暖かい繁殖場で冬を過ごす．ザトウクジラは回遊の際に岸近くを泳ぐが，他のナガスクジラ類は外洋性の傾向がある．ニタリクジラは大西洋，太平洋，インド洋では，一般に沿岸に近い，温暖な海域だけに出現する［訳注：ニタリクジラは外洋性であり，最近沿岸性のイーデンクジラが別種として分類され，それと類縁のツノシマクジラが日本の学者によって新種として発見された］．

南半球では，シロナガスクジラがナガスクジラやザトウクジラよりも早く南極への回遊を開始し，イワシクジラはこれよりも約2か月遅れる．同じ種では，年齢と性によって住み分けし，個体によって分布が決まる．高年齢の個体と妊娠した雌がほかよりも早く回遊を始め，未成熟個体が最後になる傾向がある．また，すべての種で，年とった個体が若い個体よりも極に近い海域に回遊する傾向にある．

南半球では，シロナガスクジラとクロミンククジラは，他のナガスクジラ類と対照的に，氷縁際に出現する．ナガスクジラはそれらの種よりもあまり離れては分布しないが，イワシクジラ［訳注：シロナガスクジラの亜種のピグミーシロナガスクジラも］はずっと離れて，亜南極海域に分布する．陸地と海流が複雑な形をしている北半球では，この傾向はそれほどはっきりしていない．

ナガスクジラ類の種においては，世界の大洋で，混血しない複数の系群に分かれていると一般に考えられている．しかしながら，南北両半球の間である程度の交流が行われていることが，遺伝的な事実と標識クジラの再捕によって指摘されている［訳注：両半球産のクジラが互いに赤道を越えることはあるが，交流することは示されていない］．大部分のクジラが広い分布域をもっているが，沿岸域で繁殖するザトウクジラは，索餌場でもまた密集する［訳注：ザトウクジラは繁殖域では密集するが，索餌域では分散する］．

◯上　アラスカの海で，沈んでゆく太陽を背景にして，1頭のザトウクジラが餌のサカナを探して潜水しようとしている．北半球産のザトウクジラの主要な餌がサカナであるのに対して，南半球産では主としてオキアミである．尾鰭の形と色彩が非常に特徴的であるために，それらを個体識別に用いることができる．

大きな回遊をする生活
社会行動

シロナガスクジラ，ナガスクジラ，イワシクジラ，ミンククジラ，ザトウクジラの生活周期は，季節回遊の様式と密接に関係している．南北両半球において，それらのクジラは冬季に低緯度の温暖な海で繁殖した後に，豊富なプランクトンなどを3〜4か月の間食べて過ごす，極域の索餌場に回遊する．この集中して餌を食べる期間の後に，彼らは再び温暖な水域に戻って，雌は受胎後10〜12か月で通常1頭の子供を出産する．受胎と出産は1年のうちのほとんどいつでも起きるが，繁殖活動の盛期は比較的短く，3〜4か月間に限られる．

新生児の体長は母親の3分の1，体重は母親の4〜5%である．春の回遊の際には母親に寄り添って，3200kmもの距離を極海に向けて泳いでいく．その際に子供は母親の濃厚な乳を飲んで生活するが，この乳汁の脂肪含量は，ヒトやウシの乳汁が3〜5%であるのに対して，46%もある．2つある乳首の一つに子供が舌を巻きつかせると，母親は乳腺のまわりの筋肉を使って，乳を噴出させる．子供はこの高エネルギーの食事によって急速に成長し，シロナガスクジラの子供は1日に90kgも体重を増し，出生時の体重が2.5tであるのに対して，生後6〜7か月の間に約17tにも増える．シロナガスクジラの子供は7〜8か月で離乳するが，そのときの体長は約10mである．

繁殖を始める年齢は，クジラの生物学

と人間による捕獲との間の興味深い競合関係によって変化してきた．ナガスクジラは1930年以前には10歳前後で性的に成熟していたが，その後約6歳に低下した．1935年までに捕獲されたイワシクジラは11歳になるまで性的に成熟しなかったが，今ではある海域では7歳で一人前である．クロミンククジラは性成熟年齢が14歳から6歳になり，8年も減少した．

このような変化についての最もありうる説明としては，クジラ類資源の大量の減少の結果，個体がとる餌の量が増加し，栄養がよくなって，子供の急速な成長を許したということである．繁殖の開始は体長と密接に関係するので，成長が速いということは，若い年齢で性成熟に達することを意味する．

危険な状態にある巨獣
保護と環境

ナガスクジラ類の将来は今や，乱獲から彼らを保護するために近年とられている手段の成功いかんに大きくかかわっている．いくつかの種で資源が回復している証拠があるが，出生率が非常に低いので，それが完全に回復するまでに数十年を要する．一般にクジラ類資源は，繁殖

○上　シロナガスクジラを後ろからみると，他のナガスクジラ類と同様に，噴気孔をつくる1対の鼻の孔がみえる．クジラが息を吐くと，両方の孔から呼気が噴き出て，1本の霧状の噴気になる．この噴気の大きさや形は，種によって違いがある．

○右　大きさの異なる，ナガスクジラ科の5種．(1) ナガスクジラ［訳注：体色は左右不対称で，下顎部の色は右側が白，左側が黒である］，(2) ニタリクジラ，(3) シロナガスクジラ，(4) ミンククジラ，(5) 腹を上にして水面から跳躍しているザトウクジラ．

●ナガスクジラ　fin whale
Balaenoptera physalus
極域から熱帯域にかけて分布する．
2つの亜種が存在し，北大西洋と
北太平洋にはHTL：24 m，WT：
70 tの *B. p. physalus*，南半球に
はHTL：27 m，WT：80 tの *B. p.
quoyi* がいる．
形態：背側が灰色，腹側が白色．下
顎の色は左右不対称．胸鰭と尾鰭の
裏側は白色．くじらひげ板は260
～470枚で，青灰色であり，白っ
ぽい総毛がつくが，右の先端部は白
色．畝は56～100本．
保護の状態：En．

●イワシクジラ　sei whale
Balaenoptera borealis
極域から熱帯域にかけて分布する．
2つの亜種が存在し，北大西洋と
北太平洋にはHTL：19 m，WT：
30 tの *B. b. borealis*，南半球に
はHTL：21 m，WT：35 tの *B. b.
schlegellii* がいる．
形態：皮膚は暗銅灰色，腹側に白い
畝がある．くじらひげ板は320～
400枚で，黒色であり，白い総毛が
つく．畝は33～62本．
保護の状態：En．

●イーデンクジラ　Eden's whale
Balaenoptera edeni
インド洋と西太平洋の沿岸域に分布
する．HTL：11 m，WT：20 t．
形態：体色は暗灰色．くじらひげ板
は250～370枚で，灰色であり，
暗い色の総毛がつく．畝は47～
70本．

●ニタリクジラ　Bryde's whale
Balaenoptera brydei
世界中の熱帯から温帯にかけての
外洋域に分布する．HTL：15 m，
WT：26 t．
形態：イーデンクジラに類似する．
以前は，イーデンクジラの亜種と見
なされていた［訳注：また，近縁の
ツノシマクジラ（Omura's whale，
B. omurai）が日本人科学者によって
新種として発見された］．

●シロナガスクジラ　blue whale
Balaenoptera musculus
極帯から熱帯までの海に分布す
る．3つの亜種が存在し，北大
西洋と北太平洋にはHTL：24～
27 m，WT：130～150 tの *B. m.
musculus*，南半球にはHTL：27 m，
WT：150 tの *B. m. indica*，南半球
の特に南インド洋と南太平洋には
HTL：24 m，WT：70 tのピグミー
シロナガスクジラ（*B. m. brevicauda*）
が分布する．
形態：まだらな青灰色（ピグミー
シロナガスクジラは銀灰色）．胸鰭の
裏側は白色．くじらひげ板は270
～395枚で，青黒色である．畝は
55～88本（ピグミーシロナガスク
ジラでは76～94本）．
保護の状態：En．

●ミンククジラ　minke whale
Balaenoptera acutorostrata
北半球の極帯から熱帯の海に分布
する．2つの亜種が存在し，北大西
洋には *B. a. acutorostrata*，北太平
洋には *B. a. scamoni* が分布する．
HTL：9 m，WT：9 t．
形態：背側が暗灰色，腹側と胸鰭
の裏側が白色．胸鰭の表側に白色の
帯がついている．頭部の後ろに白い
筋がある．くじらひげ板は230～
350枚で，黄白色である．畝は50
～70本．
保護の状態：LR．悪化の兆しがある
［訳注：資源は健全な状態にある］．

●クロミンククジラ　Antarctic minke whale
Balaenoptera bonaerensis
南半球の極帯から熱帯の海に分布す
る．HTL：11 m，WT：10 t．
形態：胸鰭に白色の帯はないが，
ミンククジラと類似する．南半球の低
緯度には，ドワーフミンククジラと
いう，北半球産のミンククジラの亜
種が存在する．
保護の状態：LR（cd）［訳注：資源
は増えすぎの状態にある］．

●ザトウクジラ　humpback whale
Megaptera novaeangliae
両半球の極帯から熱帯の海に分布す
る．HTL：16 m，WT：65 t．
形態：背側の体色は黒であり，畝は
白色．尾鰭の裏側には種々の白い模
様がある．くじらひげ板は270～
400枚で，暗い灰色である．畝は
14～14本．
保護の状態：Vu．

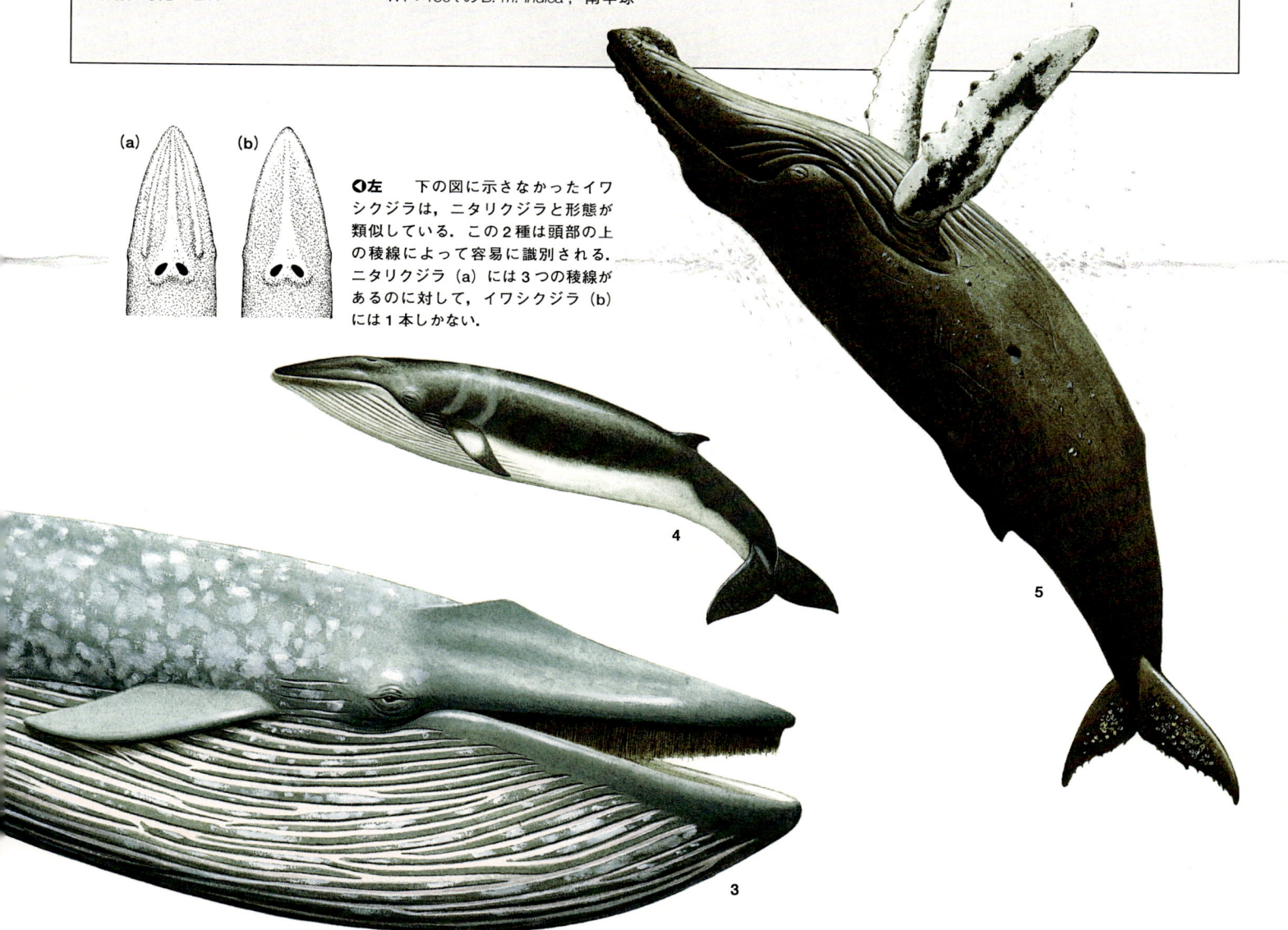

◁左　下の図に示さなかったイワ
シクジラは，ニタリクジラと形態が
類似している．この2種は頭部の上
の稜線によって容易に識別される．
ニタリクジラ（a）には3つの稜線が
あるのに対して，イワシクジラ（b）
には1本しかない．

率の違いによるが，10〜20年以内に2倍に増えるようである．しかし，南極海のシロナガスクジラは依然として，その初期資源の5〜10％しかなく，早くは回復しない［訳注：本種はクロミンククジラと競合関係にあり，クロミンククジラが現在シロナガスクジラの生態的地位を奪っているので，回復が遅れていると考えられている］．

また，地球温暖化と汚染によって海洋環境が変化していることに対して，人々の関心が高まっている．脂皮によって体温が外部環境から遮断されているので，海水温の上昇がクジラに直接影響することはありえないが，彼らが主食とするオキアミやサカナなどの餌が，環境や海流の変化に反応して，大きく変化するかもしれない．ほかにも，極地のオゾン層の減少によって紫外線が海の表層に多く射し込むことになり，そのことが長い間索餌場としてクジラが訪れてきた海洋の生産性に変化をもたらすことになろう．有害化学物質の形での直接の汚染ばかりでなく，クジラが飲み込んで消化器官を塞いでしまう，ポリ袋やプラスチック製の瓶，その他の腐らない物質が，クジラの聴覚と交信能力をおかす音響公害とともに，人々の関心の的となっている．これらの危険要因に加えて，クジラの漁具による混獲の増加や，海上航路における船舶との衝突の危険も考慮しなければならない．

RG

○右　クジラ類の中で最も長い胸鰭をみせて，ザトウクジラが堂々と跳躍し，大きな水しぶきを上げて水中に戻る．他のクジラ種と同じように，跳躍には，サカナの群れを混乱に陥れることと，群れの仲間と情報を交換することの，2つの機能がある．

大きな食欲，小さな餌

世界最大の動物は，最小の動物を食べて生活している．彼らは口蓋から生える巨大な篩い状のくじらひげをもっていて，それで水塊の中の小さな植物［訳注：クジラは植物を餌としない］や動物を集める．(a) 口を大きく開けて，大量の水に含まれる小さなプランクトンを口に含み，(b) 口を閉じると，水がくじらひげ板の間から篩に掛けられて流出し，その前に膨らんだ喉の部分が縮み，舌が上がる．次に口を閉じて，くじらひげ板の内側の縁に生えている総毛に引っ掛かっている餌を舌で集めて飲み込む．

イワシクジラはまた，口を半分開けて水面を泳ぎ，プランクトンの多く含まれた水をくじらひげで濾して餌を食べることもできる．頭を水面より少し出すことによって，プランクトンはくじらひげによって絶えず濾し取られる．十分な量の餌が集まると，口を閉じて飲み込む．

くじらひげの大きさと形と同様に，くじらひげ板の総毛もクジラの種類によって構造が異なる．それによってクジラが食べる餌の種類が決まる．シロナガスクジラは太い総毛が生えていて，このクジラはオキアミ類を選択的に食べる．このオキアミ類は南極産のすべてのヒゲクジラ類の基本的な餌であるが，他の海域，特に北半球ではサカナやイカなど，幅の広い栄養源が分布する．

中程度の太さの総毛のくじらひげ板をもつナガスクジラは，主としてオキアミとカイアシ類を食べ，サカナが餌として第3に重要であるが，それらの餌の種類は場所と季節によって大きく変化する．くじらひげ板の総毛がずっと細いイワシクジラは，基本的にはカイアシ類を餌とするが，オキアミなども食べる．ミンククジラとザトウクジラは北半球では主としてサカナを食べ，南半球ではオキアミを食べる．その一方で，ニタリクジラはより選択的にサカナを食べるが，甲殻類もほんの少し食べている．

これらのクジラ類が食べるサカナは，ニシン，タラ，サバ，シシャモ，イワシなどで，一般的に群集性である．ザトウクジラとミンククジラは特徴的な旋回行動をとり，餌のまわりを旋回して濃縮し，口を開けて垂直に泳いで，餌を丸飲みにする．ザトウクジラは餌のまわりに鼻から円を描いて気泡を吹き出すことによって，餌を集める．

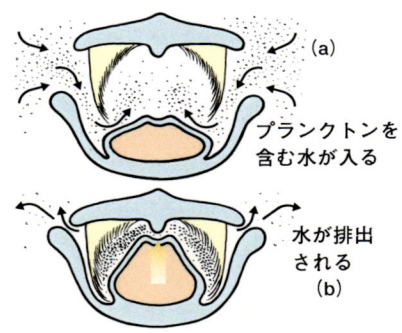

(a) プランクトンを含む水が入る

(b) 水が排出される

体重100tもある大型のシロナガスクジラは，索餌場では毎日4tものオキアミを食べなければならない．3室ある胃［訳注：クジラの胃は普通4室ある］のうちの第1胃は，一度に約1tもの餌を蓄えることができ［訳注：もっと多くの量の餌が第1胃に詰まっていることがある］，シロナガスクジラは1日に約4回それを満たさなければならない．貯蔵したエネルギーは油に変換して，脂皮と骨と内臓に蓄積され，わずかな餌しかとらない繁殖期に利用するエネルギーを補給する．1年全体を通じて，クジラは1日に体重のおよそ1.5〜2％の餌を食べる計算になる．

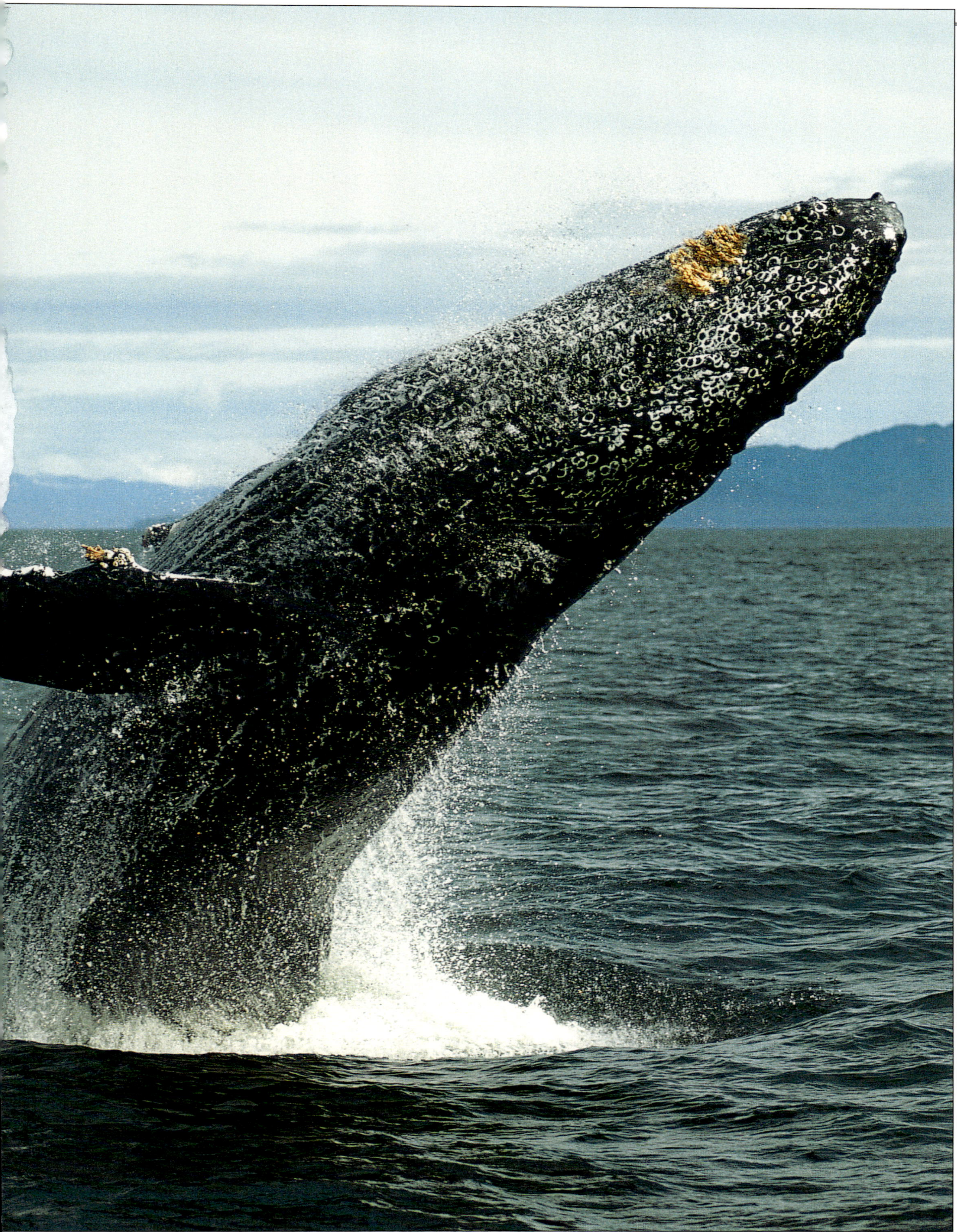

SPECIAL FEATURE

クジラ目

歌を歌うクジラについての新たな光
ザトウクジラについて最近どのような調査技術が使われているか

1990年代に，クジラ類一般，特にザトウクジラについて，科学調査に大きな進展がみられた．この動物の魅力的な習性を研究するために適用された新しい技術は，3つの主要な分野に分けられる．それらはDNAによる遺伝解析，衛星追跡のための電波標識，深海水中録音装置の配列による音響監視である．

遺伝学の高度な技術の進歩が，種々の研究分野に大きな影響を与えている．個体群についての幅広い研究において，その個体群の構造を決定し，進化の時間を通じて，異なる個体群を通ずる特別の行動の型の長期的影響を解析するために，この技術を用いることができる．より狭くは，DNA解析はクジラの性を確認し，親子関係に新しい光を投げ掛けることができる．1990年代の初期，科学者たちは，北大西洋において，数千頭ものザトウクジラについて，写真判定をし，生検組織を採集した．これらの標本から，ある子供の父親を特定する正確な相関図を描くことができた．それまで科学者たちは誰もザトウクジラの交尾を観察できなかったため，クジラの父親を特定することは神秘的であり，推測の衣に隠されていた．

ある特別な遺伝的な調査法によって，ザトウクジラの回遊の仕方に関するわれわれの認識を確認し，深めることができた．それはミトコンドリアDNA標本を採集することによって達成したのである．ミトコンドリアは，体の細胞の中にあるエネルギーを生み出す，小さな構造体である．その構造体は卵子には存在するが，精子には存在しないので，母親からしか遺伝的に受け継がれず，父親の線からは決して受け継がれない．ミトコンドリアはDNAを含んでおり，別々の索餌場から採集されたクジラのミトコンドリアDNAが違っていれば，それらの2か所の索餌場に分布する個体の間に遺伝子の流れは少ないことを示唆するのに十分である．一方，父親からも母親からも遺伝情報が受け継がれる核DNAは，ミトコンドリアDNAと同様な特異性を示さない．したがってこの遺伝解析は，このクジラには決まった夫婦関係がなく，母親とその子供だけが同じ索餌場へ必ず戻ることを示唆する目視調査からの証拠を裏づける．しかし，目視の資料が過去のせいぜい10年か20年の期間に限られる一方で，遺伝資料はこの回遊の型が数千年もの間行われていることを示している．ザトウクジラの子供は同じ熱帯の繁殖場から1母親に伴われてその場所に回遊してくるだけなので，この結果は特に驚くに値する．そして，遺伝資料は彼らが一生涯，毎年同じ索餌場へ向けて数千kmの旅を続けることを示唆するのである．

衛星追跡という近代的方法は，ザトウクジラが大洋を1000km以上も移動する経路を描くことができて，回遊に関して貴重な証明をしている．電波標識をクジラに装着することによって，科学者が長い距離を長い期間にわたって彼らの回遊経路を追うことができるだけでなく，データロガーによって，クジラの潜水に関する情報も集めることもできる．衛星標識はまた，繁殖場や索餌場内の狭い移動についても，多くの資料をわれわれにもたらしてくれる．

1990年代における冷戦の終結による超大国の関係の衝撃的な変化は，ザトウクジラを追跡していた研究者に追加のボーナスを与えてくれた．冷戦中，アメリカ海軍は旧ソ連の潜水艦の動きを捉えるために，多くの大洋底に水中聴音器を秘密裏にずらりと並べて敷設した．これらの聴音機器によって集められた資料は，中央機関に遠隔送信され，音の発信源を広大な範囲で監視することができた．音響監視体制（SOSUS）と称されるこの体制は，1990年代に秘密扱いから外され，科学者も利用できるようになった．この助けを借りて，ザトウクジラやその他のクジラの行動を数百kmも離れた距離で把握することができるようになった．

これらの多種の調査方法は，ヒゲクジラの回遊周期の解明にきわめて大きな影響をもたらした．最も基本的な生物学から始まって，ザトウクジラの生活と習性のすべての面の研究に影響を与えたのである．回遊周期は，クジラ類においては，実際に生活の大きな要素である．ザトウクジラは夏には餌をとることに専念する．そしてその後は，繁殖と子育てのために数千kmの距離を回遊するので，1年の残りの期間は，蓄積したエネルギーを消費して生活しなければならない．大型クジラ類はより多くのエネルギーを蓄えることができるばかりでなく，彼らは長い距離をより効率よく移動することができ，体温調節の代謝のコストを低めることができる．雌における妊娠や授乳のための追加のエネルギーの要求は，彼らがより多くのエネルギーを蓄えなければならないことを意味する．そしてこのために，成熟した雌が成熟した雄よりも大きく成長するように自然淘汰されてきたのである．

断食して数か月経っても哺乳する能力があることは，哺乳類の中では非常にまれであり，これはヒゲクジラ類の繁殖周期に関する大きな特徴である．妊娠した雌は断食して回遊する途中で，子供を産まなければならない．熱帯域で出産してから，次の夏に索餌場に戻るまでの6か月もの間，それまでに蓄積していたエネルギーで子供に乳を与えなければならない．子供は1年以内に8～9mになって離乳するために，その間に急速に成長する．

回遊と密接に関連して，研究心をそそるその他の2つの鍵になる分野として，索餌と繁殖とがある．北大西洋では，ザトウクジラはアイスランドやノルウェーなどの別々の索餌場に戻る．しかし，それらの索餌場の中では，餌の分布の年変化に応じて分布域を移動することがある．自然標識［訳注：体色などの体の特徴を写真に撮って記録する標識法］されたクジラが何年にもわたって同じ海域で再発見されることは，多

▷右　ザトウクジラの母子．最近の遺伝解析によって，産まれた子供は母親の索餌場に一生涯戻ってくることが証明された．

▷上　ザトウクジラの大部分の記録は沿岸の小さなボートを使って行われるが，彼らの音声は深海に敷設した音響監視体制の配列によって追跡することができる．研究の結果，クジラの声は大洋一杯に広がり，その歌は広い範囲で聴くことができることがわかった．

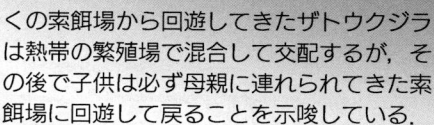

くの索餌場から回遊してきたザトウクジラは熱帯の繁殖場で混合して交配するが，その後で子供は必ず母親に連れられてきた索餌場に回遊して戻ることを示唆している．

冬の間，ザトウクジラは交尾し，出産する熱帯域に回遊する．雌は島陰か浅い海山の，波静かで安全な水域を探し出す．雄は雌と交尾するためにその水域の近くに集まる．雄が交尾するためにとる一つの戦術は，雌を獲得するために直接他の雄と戦うことであり，これは1頭の雄が1頭の雌に付き添って，ライバルが彼女に近づくのを妨害しようとする行動となる．その間，他の雄はその近くを泳いで，交尾に挑戦する．このような雄同士の激しい競合は，通常せいぜい2～3時間しか続かず，その間に数回，雌に寄り添う雄が役を変える．競合の勝者は長い間雌と一緒にはいないようである．というのも，雌は次の日には，他の雄と一緒にいることが目撃されているからである．索餌場と同じように，繁殖場においても母親と子供以外の個体の間の結びつきは素っ気ないものである．同じ母親から産まれた複数の子供を遺伝的に解析した結果，雌が異なった繁殖期には異なった雄と交尾することが証明された．

雄のもう一つの交尾戦術は歌である．繁殖期間中，単独の雄が長く複雑な歌を繰り返して歌う．それぞれの歌が10分間も途切れることなく続く．24時間以上も絶え間なく歌うことができる．この歌を分析すると，歌を構成する音の連続は，支配的な型によって構成されていることがわかった．それぞれの歌が特別な順序で繰り返される音の連続で構成される．繰り返される主題は何回も繰り返される楽句でつくられている．

同じ個体群の中の大多数の雄は，非常に似た歌を歌う．しかしながら，その歌は年とともに，しだいに，そして連続的に変化するので，違う年の歌はそれぞれ全く異なっており，同じ個体で10年後に記録された歌には，共通の音が存在しない．普通，違った個体群の歌はそれぞれ異なる．しかしながら，ザトウクジラの声について長い間調査が続けられているオーストラリアの東海岸では，この規則に例外があることを科学者が記述している．ある年，数頭が他の個体と全く違った歌を歌っていたことが記録されたが，それはオーストラリアの西岸で聞いた歌と非常に類似していた．これは，まれであるが知られている現象として，オーストラリアの西岸個体群のザトウクジラが東に回遊してきた結果らしい．西岸の歌がしだいに支配性を獲得し，2年以内にもとの東岸の歌を侵食してしまうこともありうる．歌がしだいに進化したり，突然新しい歌を歌うようになることは，ザトウクジラの雄が彼らの歌の構造を詳細に学ぶということと，1つの個体群のクジラが違った個体群の歌を歌うということを示している．そしてそれは個体群の違うクジラが，遺伝の型が違っていても，彼らが聞く音をまねることができるのがその理由である．言い換えれば，ザトウクジラの歌は一種の文化なのである．

歌を歌っているザトウクジラが他の個体と一緒になると，歌うのをやめる．歌っている雄が雌と一緒になるときには，交尾に関係する行動(回転したり，胸鰭で触れたりする)がみられる．しかし，他の雄に出会ったときには，激しい闘争が行われ，もとの歌っていた個体やあるいはそれと戦った個体が再び離れると，その後にどちらかが歌うのを再開する．それらの行動を観察すると，雄は雌を引きつけるために歌い，他の雄は歌っている雄と闘争することが示唆される．ザトウクジラの雄は，縄張りをもっていて，それを守るために闘争するということはないようである．同じ場所で毎日個体識別していると，同じ個体が再び目撃される機会はきわめて少なく，海流に乗って絶えず移動しているようだからである．特別な地理的場を守っている多くの陸上動物と違って，ザトウクジラは特別な場を確保するよりも，互いにかかわり合って，協力関係を保つようしているように思われる．

PLT

セミクジラ類
Right Whales

英語の"right whale"という名称は昔の捕鯨者によってつけられた．このクジラは彼らが捕獲対象とする「真の」クジラであったからである．セミクジラは動作が鈍く，死ぬと水面に浮き，大量のくじらひげ板と鯨油が生産される．その他のクジラはセミクジラほどに低い資源水準までは乱獲されていない．商業捕鯨による捕獲が禁止されてから数十年になる現在でも，北大西洋と北太平洋のセミクジラ資源は200〜300頭以下である〔訳注：北太平洋西側では，目視調査によって，1000頭台にあると推定されている〕．

世界中のセミクジラは，人間による種々の危険にさらされている．彼らはわれわれ人間の活動の盛んな沿岸海域を好み，この海域で子供を産む．このことは世界の海で最も混雑した環境に，最も絶滅のおそれのあるセミクジラが置かれていることを意味する．北大西洋では，この環境は船舶と漁具で溢れており，今もそれらによってセミクジラは生存を危うくするほどの高い率で殺されている．人間による死亡率の増加と出生率の減少によって，この資源は依然減少の傾向にあると思われ，最近のモデル計算によると，今から200年後には絶滅すると予測されている．北太平洋においては，セミクジラの資源量や増加率を解析するには，不確かな情報しか得られていない．しかしながら，南半球産のミナミセミクジラの資源状態は比較的良好のようである．資源量はおそらく6000頭で，年間6〜7％の割合で増加している．

大きな頭部と湾曲した顎
形態と機能

セミクジラ，ミナミセミクジラ，ホッキョククジラ，コセミクジラは，ナガスクジラ類と区別する，形態的特徴を共有している．ナガスクジラ類の口が横からみるとほとんど直線的な形をしているのと対照的に，それらの種類は湾曲した上顎と極端に横に曲がった下顎をもっている．この特徴は，頭部の割合が体長の40％にも達する，ホッキョククジラで最も顕著である．その他の明確な特徴としては，ナガスクジラ類のくじらひげが短いのに対して，セミクジラ類のそれは，長く細い．そして，ナガスクジラ類の畝が何本もあるのに対して，セミクジラ類には畝が全くない（コセミクジラだけは喉に溝が2本ある）．頭部の形にも多くの差があり，特にナガスクジラ類の上顎骨が幅広いのに対して，セミクジラ類のそれは幅が狭い．4種のセミクジラ類のすべてにおいて，頭部の割合が胴部や尾部の割合よりも大きい．3種の大型種はナガスクジラ類と比較すると，体が極端に太っているのに対して，コセミクジラは比較的小型でほっそりしている．また，この種類は他の3種と違って，小さな三角形の背鰭がついている．

セミクジラとミナミセミクジラには，ホッキョククジラやその他のクジラ類と明確に判別できる，「いぼ」といわれる，厚くて硬い皮膚の斑点がある．このいぼは両顎に沿った部分と眼の上に形成される．上顎の先端にある最も大きないぼは，昔の捕鯨者によって「ボンネット」と呼ばれていた．クジラジラミ（*Cyamus*属の種類）の集団がいぼに住みついている．これらのいぼの大きさは，雄が雌よりも大きく，雌をめぐる雄の競合に使われるらしい．いぼはまた科学者の観察にも役立つ．捕獲や接触をする必要なしに個体識別することのできる，個体ごとに特徴的な型と配列をしているからである．そのおかげで，最近研究されているセミクジラの個体群のほとんどの個体について個体識別図録が作成されており，それによって，それぞれの個体がいつ産まれたか，何年生きているか，どのようにして回遊するかなどについての真実を物語ることができるようになった．

セミクジラは低い周波数の音を出す．遠く離れた個体間の連絡と，交尾を誘う雌によって使われる声の，少なくとも2つの型の声を出すことが研究によっ

○下　繁殖期に雄のセミクジラが発情期の雌を囲んでいる．その際に雄同士が集団で争うという多くの報告があるが，1頭の雄が雌を押さえつけ，その間に他の雄がその雌と交尾するという，複数の雄が協力して繁殖に当たる，信頼すべき事例もある．

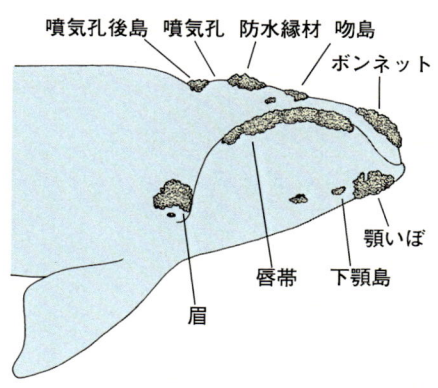

セミクジラ類

○上　アルゼンチンのバルデス半島沿岸海域で，ミナミセミクジラの親子が浮上して，ボンネットをみせている．ボンネットは，このクジラの種の最も区別しやすい特徴である．上顎から突き出た硬い皮膚でできたボンネットには，通常，フジツボその他の寄生生物がついている．

○左　大部分のセミクジラのいぼは数個が並んでいるが，ボンネットだけはただ1つの大きないぼでできている．それらのいぼは産まれたときから存在するが，その正確な機能はまだわかっていない．雄のいぼの数は雌よりも多いことが観察されていることから，繁殖競争の中で，雄が他の雄に体当たりするときの武器として役立つのかもしれないと示唆する者もいる．

て示されている．実際にはそれらの声のレパートリーは，おそらく知られているよりももっと幅広いであろう．連続した「歌」を繰り返すザトウクジラと違って，セミクジラは50〜500kHzの波長の単独およびまとまった種々の音を数多く発する．索餌中のクジラもまた，種々の2〜4kHzの低い振幅の音を出す．それは一部分を水面上に露出したくじらひげが立てる音とともに，水中に伝わる．コセミクジラの発音については全く知られておらず，ホッキョククジラの発音は単純で，時間とともに変化する．

長距離の年間回遊
分布型

　セミクジラの回遊の習性は，まだ完全にはわかっていない．北大西洋においては，フロリダ州とジョージア州の沿岸海域が冬の基本的な出産場である．しかし，その季節における，子育てをしない個体の分布については，不明である．約3分の2の北大西洋の個体群はメイン湾で春から秋にかけて普通にみられる．この個体群の残りの3分の1の個体が夏を過ごす環境はまだ突き止められていないが，遺伝的にも，目視結果からも，それらが存在することが示唆されている．
　南半球においては，ミナミセミクジラは，冬，南アフリカ，アルゼンチン，オーストラリア，ニュージーランドの亜南極の島々の沿岸海域に子供を産むために集まることが知られている．時々南極海のまわりで目撃されるが，どこで餌を食べて夏を過ごすかについては，一部でしか正確には知られていない．
　北太平洋では，セミクジラのいまだに生き残っている個体群が，アラスカ湾とオホーツク海において季節的に現れ，ポツポツと目視されている．セミクジラがアメリカ西岸沿岸やハワイで冬にまれに目視されたことが報告されているが，冬の生態，繁殖場，回遊経路などについては，まだ十分な資料が得られていない．これまでの資料を総合すると，子供は冬に産まれ，交尾とそれに続く受胎は，両半球ともに晩秋〜初冬に行われることが示唆される．それゆえに，その他の季節にすべての海域で観察される「交尾行動」は，実際の繁殖行動よりも社会行動により多く関係しているらしい．
　ホッキョククジラの回遊周期は，ベーリング海—ビューフォート海系の個体群で最もよく調べられている．この個体群の量はこの種の中で最大であり，北極海において最もよく知られている．その分布は，氷のない水域の位置と広がりの季節変化に密接に結びついている．回遊の経路と時期は毎年，春〜夏における，北ベーリング海から東向きにアムンゼン湾

セミクジラ類　right whales
目：クジラ目　Cetacea
科：セミクジラ科（Balaenidae），コセミクジラ科（Neobalaenidae）
3属　4種
セミクジラ属（*Eubalaena*），ホッキョククジラ属（*Balaena*），コセミクジラ属（*Caperea*）．セミクジラ属をホッキョククジラ属に含めて，ホッキョククジラ属とする学者もいる．コセミクジラ（コセミクジラ属）は時にセミクジラ科の1つの亜科と見なされることがあるが，ここでは1つの独立した科であるコセミクジラ科と考える．
分布：極海と温帯の海．

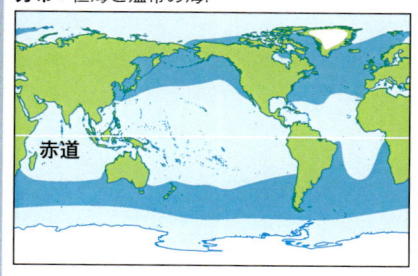

●**セミクジラ　Northern right whale**
Eubalaena glacialis ［訳注：北大西洋産のタイセイヨウセミクジラ（*E. glacialis*）と北太平洋産のセミクジラ（*E. japonica*）を分ける研究者もいる］
北半球の温帯の海に分布する．大西洋では，南はフロリダまで．HTL：18mに達する（成熟個体の平均は約15m），WT：50〜56t．北太平洋産の個体群は他のセミクジラの個体群よりも5〜10%大きい．形態：体色は黒で，喉と腹に白斑があり，それは時に大きく広がる．頭と顎には個体によって型の異なる，固く厚い皮のいぼがあり，それにクジラジラミとして知られる甲殻類の寄生物がびっしりとつく．くじらひげ板は黒色であり，2.5mに達する．繁殖：妊娠期間は12〜13か月．寿命：1頭の雌が少なくとも65年間生存したことが知られている．保護の状態：En．

●**ミナミセミクジラ　Southern right whale**
Eubalaena australis
南半球の温帯海域に分布する．大西洋では北はブラジルまで．体長，形態，繁殖，寿命はセミクジラと同じ．保護の状態：LR．

●**ホッキョククジラ　bowhead whale**
Balaena mysticetus
北極海に分布し，冬季にはベーリング海とラブラドル海に回遊する．HTL：3.5〜20m（成熟個体の平均は17m），WT：約60〜80t．形態：体色は，下顎に白または黄土色の斑紋があるほかは，黒色．いぼはない．くじらひげ板は濃い灰色から黒色で，長さ4mに達する．繁殖：妊娠期間は10〜11か月．寿命：古い銛頭などの証拠は極端に寿命が長いことを示している．保護の状態：LR (cd)．スバルバード—バレンツ海系個体群はCr，オホーツク海系とバッフィン湾系の個体群はEn．

●**コセミクジラ　pygmy right whale**
Caperea marginata
南半球の温帯と亜南極海域に周極的に分布する．真の南極海産のクジラ種でない．HTL：2〜6.5m（成熟個体の平均は5m），WT：約3〜3.5t．形態：体色は灰色で，背部は濃く，腹部は淡い．背中と肩に変化に富んだ数本の淡い筋があり，眼から胸鰭にかけて濃い色の筋がある．くじらひげは体長に比して長く，白色で，外縁は濃い色をしている．繁殖：妊娠期間はおそらく10〜11か月．

にかけての氷原の間の，開氷域の発達の仕方に左右される．

ホッキョククジラは，ベーリング海の，特にセントローレンス島とセントマッシュー島のまわりで越冬し，そこで子供を産む．交尾は春の回遊の最初の段階で行われる．飛行機と人工衛星の写真によって，ベーリング海の北部とチュクチ海の南部において，氷の裂け目が4月に発達し，それは最初にリスバーン岬から始まり，次いでポイントバローの氷が開くことが明らかにされた．開氷面は海岸の比較的近くにあるので，大部分の個体はビューフォート海に向かう途中でバローを通過する．しかしながら，バローを離れると，風と海流が大きな沖の開氷面を広げ，それに従って陸から離れ，東向きに回遊中のホッキョククジラは，5月の初めには，バサート岬からアムンゼン湾に達する．アラスカの東の沿岸の氷が解けるのはゆっくりしているので，ホッキョククジラは通常7月の後半までは，マッケンジー三角洲とユーコン河の沿岸海域を利用できない．

イヌイットの漁師は，ホッキョククジラは回遊のときに（オーストラリアのザトウクジラのように）性と年齢による住み分けがみられる，といっている．バローから南西のバンクス島にかけての全域で，5月から6月にかけて，クジラが縦列になって移動する間，回遊に「波」がみられる．夏の終わりから秋の初めにかけての，ベーリング海への帰りの回遊は，（古い捕鯨記録によれば）泳ぎが速いばかりでなく，春よりも沖を通るので，観察が難しくなる．

■ プランクトンの塊を濾し取る
食性

セミクジラ，ホッキョククジラ，コセミクジラはカイアシ類を主食とするが，北大西洋のセミクジラは若いオキアミと，時にはそのほかに，集団をつくる浮遊性のサカナの子供も食べる．南大洋産のセミクジラは，成熟したオキアミも食べるようである．

ホッキョククジラの摂餌は通常，マッケンジー河の水の流れの縁のような，北極海の高い生産性のある限られた水帯と関連する．そこでは栄養塩が多く，澄んだ水が，植物プランクトンの活発な光合成に最適であり，それが動物プランクトンの比較的高い生産に変換する結果となる．ホッキョククジラもセミクジラも一般に，口を開けて泳ぎ，長いくじらひげで動物プランクトンを水から濾し取ることによって餌を食べる．この方法は，濃縮されたサカナやオキアミの塊をがぶりと口に含み，くじらひげで餌を濾す，大部分のナガスクジラ類（イワシクジラを除く）の餌のとり方と対照的である．大部分の北半球の索餌場においては，セミクジラは普通8～12分間潜水して餌をとるが，餌の密度が濃い場合には，水面で餌をとることがある．セミクジラは体を横にして餌をとることが時々観察されている．

セミクジラとホッキョククジラは1日におそらく1000～1200kg，コセミクジラは50～100kgの餌をとる必要がある．ロシアの捕鯨者が捕獲した2頭のコセミクジラの胃袋がカイアシ類で満たされていたという報告のほかには，コセミクジラの索餌習性は，ほとんどわかっていない．

■ 荒涼とした大洋で仲間を探す
社会行動

セミクジラの社会構造については，あまりわかっていない．個体識別された1頭の個体が，1日のある時間は単独でおり，その後の時間，あるいは別の日には，1つあるいは複数の群れと一緒にいることがある．2～3kmの範囲にクジラの大きな集団がみられることがあるが，単に豊富な餌に反応して集まっているにすぎないようである．これらの集団は，ハクジラ類の群れとはおそらく習性的に比較はできない．

最も緊密にかかわっている社会的結合は，親子の組である．この組は子供が生後6か月になるまで続く．離乳は生後10～12か月で行われ，その後は親と子

○右　パタゴニア沖の水面で母親と一緒にいるミナミセミクジラの子供．親子の組は生後6か月間離れないでいるが，約1年後に子供が離乳した後は，一緒になることはまれである．

○上　セミクジラ類の種類は，それぞれ全く違った体型をしている．(1) セミクジラは，大きなくじらひげと舌，大きく曲がった下顎，いぼによって判別される．(2) ホッキョククジラは，下顎がセミクジラよりも強く湾曲し，いぼがない．(3) コセミクジラは，背鰭があり，下顎があまり湾曲していない．

供が再び巡り合うことはまれである．跳躍や胸鰭で水面を叩く行動が，セミクジラでしばしばみられる．それらの行動は，特に水面の雑音で仲間の発音が聞こえない場合に，自分の位置を知らせることになると思われる．

セミクジラの長い繁殖周期（出産間隔は3年またはそれ以上）は，繁殖場では毎年，3分の1以下の成熟雌しか雄を受け入れないことを意味する．雌は声で雄に媚を売るが，その後は雄から離れて泳いだり，腹と両胸鰭を空中に出して，生殖器の部分が雄を受け入れないようにしたりするようである．雄はライバルに突進したり，互いに体を入れ替わったりして，雌に受け入れられるように，張り合って戦う．そして，雌は多くの雄と交尾するようである．雄もまた，精子の競争戦術を採用するようである．セミクジラの雄の睾丸は世界で最大（800 kg以上［訳注：最大記録は972 kg］）であり，それはヒゲクジラ類の中で体の大きさに比較しても最大である．

体長4～5mの子供が冬に1頭産まれる．雌は3～5年ごとに，12～13か月の妊娠期間の後に，子供を産み，10～12か月（時には17か月に及ぶ）の間，乳を与える．急速に成長する子供は，1歳ではすでに8～9mになる．雌は約9歳で性成熟に達するが，中には例外的に6歳で最初の子供を伴っているのが観察されている．

北大西洋のセミクジラの出生率が，1980～1990年代から低下し続けている．出産間隔が，1980～1992年の3.67年から，1990年代の半ば以来，増加して，5年以上になってきている．北大西洋のセミクジラの個体群の増加率は，アルゼンチンや南アフリカ産のミナミセミクジラよりもかなり低いようである．近親交配，他種との餌の競合，気象変化が餌の供給を低めていること，病気，生物毒，毒性の汚染物質による危険（致死的ではない）などを含む多くの要因が，個体群の増加率を低めていると思われる．

北大西洋産のセミクジラの生後1年間の自然死亡率は17%であり，次の3年間では3%である．成熟個体の自然死亡率はきわめて低く，1970年以来この個体群ではわずか3頭が自然要因で死亡しただけであると推定されている．寿命については不明であるが，少なくとも1頭の個体が1935年以来目撃され続けている（つまりこの個体が誕生したのはそれ以前の年ということになる）．北大西洋産セミクジラの約7%の個体がシャチに襲われた傷をもつ．これは，シャチがセミクジラの死亡の原因の一部かもしれないものの，シャチとセミクジラとの遭遇に関しての逸話的な報告によると，セミクジラが自分自身をシャチから適切に防衛できることが示唆され

る．傷を受けることが病気に関係するとの報告があるが，致命的な病気や流行性の病気についての報告はない．セミクジラから *Cyamus ovalis*，*C. gracis*，*C. erraticus* の3種のクジラジラミが発見されている．これらはクジラの皮膚にしがみついて生活しているが，どれもクジラに長期的な悪影響を与えることはない．

このクジラの死因の約38％は船との衝突であり，8％は漁具の絡まりによる．北大西洋産のセミクジラのおよそ60％が生涯のある時期に，漁具による傷を受けている．エビやカニをとる籠を吊り下げている綱と底刺し網が，その主要な漁具であるようである．セミクジラの死亡を低める代替漁法の開発の努力が，アメリカで進められている．

コセミクジラは，1年のある時期に比較的浅い海を好む点でセミクジラと似ており，交尾はこの浅い海にいるときに行われると類推されている．それにもかかわらず，コセミクジラは1年のほとんどの季節に，この種が報告されている海域でしか目撃されていない．コセミクジラの個体群は狭い範囲に分布し，あまり大きくは回遊しないのであろう．また，そのほかに，この種の大型の遠い親戚と類似しない点がある．それは，このクジラの胸部が平らなのは，長い時間海底で横たわって過ごすことを示唆すると以前は考えられていたにもかかわらず，このクジラが長い時間，深く潜水するという事実は記録されていない点である．それに加えて，大型のセミクジラ類に特徴的である，活気に溢れた尾鰭叩きや跳躍の行動は，このクジラでは全くみられない．

コセミクジラはしばしば背鰭を水面に出さずに，比較的ゆっくりと泳ぎ，ミンククジラと同じように，吻全体をはっきりと水面から突き出すので，ミンククジラとよく間違われる．妨害されないときの呼吸のリズムは規則正しく，3〜4分間潜水した後，1分間に1回以下の間隔で呼吸することを約5回繰り返す．コセミクジラの一般的な習性は，このクジラが小型であり，観察記録が少ないことと相まって，「つつましい」のが特徴である．このクジラは亜南極と南半球の温帯の海に分布し，資源密度が小さく，陸地が少ないので，このクジラの習性や特徴を記録する研究者が少ない．

○上　アルゼンチンの海岸からみえるほど近くの海で，ミナミセミクジラが水を滴らせて躍り上がった．このクジラは沖よりも沿岸でしばしば跳躍する．おそらく人間に由来する種々の妨害行為がクジラの音声による合図を難しくする場所において，仲間と交信する手段として用いられるのであろう．

生き残っている個体を救う
保護と環境

現在生き残っているホッキョククジラとセミクジラの全個体群は，かつてはずっと資源量が多かった．バスク人によるセミクジラの捕獲は今から1000年前に始まり，その漁法は，20世紀の母船式捕鯨法に至るまでの，世界の捕鯨産業の多くの基礎となった．ヨーロッパ人やアメリカ人による最後のセミクジラ漁は，大西洋で1900年代の初めまで行

○下　アメリカ東個体群のホッキョククジラが，南向きの回遊の際に，バッフィン島の沖合の水面で日なたぼっこをしている．このクジラは，毎年春にセントローレンス湾の沖から北極海の索餌場に向けて旅をし，秋になると，少し暖かい気候の海で越冬するためにもとの場所に帰る．

われた．セミクジラは1935年から国際的に保護されてきたが，1960年代に旧ソ連の不法な捕鯨によって，南半球の大西洋，インド洋，太平洋において，2000～3000頭が殺されたことが今では知られている．

歴史的には，捕獲の大部分が南半球の繁殖場で行われた．伝統的には，捕鯨者は母親を捕らえやすくするために，最初に子供を捕らえようとした．そうすれば母親が逃げないからである．死体は海岸か，浅瀬に引き上げられ，くじらひげが切り取られた．次に脂皮が剝ぎ取られて，細かく切られ，大きな鉄製の釜で煮て，鯨油が抽出された．

セミクジラの将来の見通しは複雑である．南半球の個体群は増加しつつあるようにみえるし，南アフリカ，アルゼンチン，ニュージーランド，オーストラリアで，このクジラの保護のために海洋公園と管理機構が設定されている．北太平洋の個体群については最近では不明であるが，新たな研究によってやがてより多くの情報がもたらされるであろう［訳注：北西太平洋において，広範囲な資源調査が日本によってなされている］．この系群は特別の繁殖場をもっておらず，夏の分布域の大部分が外洋であるので，人間活動との競合の危険は他の系群よりも少ないであろう．北大西洋においては，人間に由来する死亡と繁殖率の低下が，この系統群を絶滅に追いやっている．たとえそうであっても，多くの研究者と保護活動家は，もしも船と漁具による死を止めることができれば，北大西洋産のセミクジラは回復することができると信じている． SDK/DEG

アラスカのホッキョククジラ漁

何千年もの間，アラスカのイヌイットの人々は，毎年春にパックアイス（叢氷）の開氷面を東に向かうホッキョククジラを，海獣の牙と石でつくった銛先をつけた手投げ銛とアザラシの皮を張ったボートを武器として，伝統的に捕獲してきた．その大部分の期間，その地方のホッキョククジラの資源量は1万～2万頭あるいはそれ以上の資源を保っていて，捕獲の影響は無視できるほどであった．しかしながら，19世紀にアメリカとヨーロッパの商業捕鯨者が数十年のうちに，東系のホッキョククジラを200～300頭にまで減らし，ベーリング海系のホッキョククジラを全体としておそらく2000～3000頭にまで減少させた．

イヌイットによるわずかな捕獲は現在も続いているが，1915年までに商業捕鯨は終わった．だが，東系のホッキョククジラは以前の水準にまで依然として回復していない．シャチによる捕食，近親交配による繁殖率の減少，（まれではあるが）氷の下での窒息などがすべて回復の失敗に関係しているかもしれない．しかしながら，イヌイットによる狩りの方法が変わったことが関係していることも示唆されている．1880年代からは先端に爆薬の入った手投げ銛が使われており，それが資源の回復しない原因の一部かもしれない．

1977年に，国際捕鯨委員会（IWC）の科学委員会はホッキョククジラの狩りを止めることを勧告した．イヌイットはこの狩りは自分たちの繁栄のために，実質的にも文化的にも必要であると強く主張し，IWCによって少しの捕獲枠の設定が許され，アラスカエスキモー捕鯨委員会がそれを管理することが決まった．捕獲方法の改善，たとえば黒色火薬の銛先を近代的なペンスライトに変えたことも，クジラの捕殺の効率化（したがって人道的）を大きく高めた．

調査研究の結果，西系（ベーリング海—チュクチ海—ビューフォート海）のホッキョククジラ個体群はイヌイットによる捕獲が続けられているにもかかわらず年率3%で増加していることが示され，それによって生物学者は最近現在の個体群の量（1993年で8200頭）はイヌイットの人々の年間約56頭の栄養的必要量を満足させると結論した．それゆえに，現状は，イヌイットにとっても，ホッキョククジラにとっても，明るいものである． CG

SPECIAL FEATURE

捕鯨から観鯨へ
クジラの持続的管理とエコツーリズムの役割

　国際捕鯨委員会（IWC）は，1982年に，商業捕鯨のモラトリアム（一時中止）を1986年から実施することを決定した．翌1983年には，「絶滅のおそれのある野生動植物の種の国際取引に関する条約（CITES）」は，大型クジラ類をすべて付属書Iに掲載して，クジラ類の国際貿易を禁止し，IWCと協調するに至った．しかしながら，これらの決定にもかかわらず，ノルウェーと日本は，本質的には商業目的のための捕鯨を続けている．ノルウェーはIWCの商業捕鯨のモラトリアムの決定に対して正式に異議の申し立てを行っているので，その決定に縛られない．日本は南極海と北太平洋において，科学調査のためであればクジラを殺すことができるという，条約の抜け穴を利用している［訳注：日本の調査捕鯨は，国際捕鯨取締条約（ICRW）第8条の規程に従って科学調査を実施しているので，合法的である］．モラトリアムは，現行の管理の仕組みが不適当であることを一部の理由にして採択された．IWCは，将来再開されるいかなる捕鯨の管理のためにも，よりよい制度を設計するのに時間をかけることが必要であったが，モラトリアムは早く解除されるべきである．

　クジラは高度回遊性の動物であり，とりわけ特殊な動物であるので，国際法において特別の地位をもっているし，捕鯨問題は独特のものである．すべての国が，世界規模の国際条約であるICRWに加盟することによって，クジラの将来にかかわる決定に貢献することができる．ICRWは「鯨類資源の適切な保存」と「捕鯨産業の秩序のある発展」をともに確保し，いかなるクジラの利用も持続的であるべきことを保障するために1946年に締結され，1948年にIWCが設立された．実際には，「持続的」という言葉は定義が非常に難しいが，IWCは実際にクジラ資源と捕鯨の持続性を保障するのに必要な事項を決定するための世界の中心的存在であり続けている．

　大型クジラ類ほど人間によって冷酷に利用されてきた哺乳類はない．一例をあげれば，南極海捕鯨が開始される前には25万頭存在していたシロナガスクジラは，現在南極海に200〜300頭しか残っていない［訳注：最新の推定量は1300頭］．資源量の変化傾向を検出するのに十分な資料がないことと，それらのクジラ類を保護してから十分な時間が経過していないことのために，大部分の大型クジラ類は未だに回復の兆しがみられない［訳注：最近の調査結果では，世界の各地で多くの大型クジラ類の資源が回復しつつあると推定されている］．IWCは1946年の条約締結の当初に，「捕鯨の歴史が1区域から他の地の区域への乱獲および1クジラ種から他のクジラ種への乱獲を示しているために，これ以上の乱獲からすべての種類のクジラを保護することが緊要である」と認識していた．しかしながら，IWCはこの目的に到達するのに大きく失敗した．

　世界が捕鯨問題で争っている．オーストラリアやイギリスなどのいくつかの国は，商業捕鯨は人類にとってもはや必要性がないと考え，したがって捕鯨は無慈悲であって不必要であるとの立場から反対している．多くの他の非捕鯨国は，もし捕鯨が許されるのならば，将来いかなる捕鯨も，厳格に管理できることを保障するようにと，IWCに圧力をかけている．そのためには，最初の段階として，捕獲限度量はIWCが定めた方式の下で計算され，捕鯨国だけでそれを算出しない．次に，改訂管理制度（RMS）として知られている，不法捕鯨を防ぐ機構が合意され，履行される必要があると彼らは主張する．一方で，ノルウェーと日本はIWCの決定を無視し，国際的な規制なしに，より多くのクジラを捕獲するよう圧力をかけている［訳注：この記述は訂正を要する．両国はIWCの決定を無視してはいない．条約が規定している範囲内で行動しているだけである］．

　改訂管理方式（RMP）として知られている捕獲枠を計算する方式は，資源の持続性を現実的なものにするよい例である．許される捕獲量は，対象とするクジラの個体群の頭数と減少の割合に関する資料の質に依存する．そのようにして，もしその個体群の量が捕鯨によってすでに初期資源量の54％まで減少していると推定したならば，その個体群がその水準に回復するまで捕獲枠を0にする．もしも個体群の量についての資料に乏しければ，安全側により重きを置いた予防原則の下で，捕獲枠を低くする．その立証責任は，その個体群を利用することを望む側にある．

　捕鯨の悲しい歴史は，過去の失敗を繰り返さないためには，厳格な基準の設定が必要であることを示している．過去においては，しばしばIWCの定めた捕獲限度量は捕鯨者によって尊重されなかった．

●左　ノルウェーの捕鯨船員が，バレンツ海で捕獲した1頭のミンククジラを甲板に引き上げている．IWCによって捕鯨活動が禁止されているにもかかわらず，保護クジラ種が依然として捕獲されているという現実がある［訳注：北大西洋のミンククジラは保護資源に属さないことがIWCの科学委員会によって1992年に合意されている．また，ノルウェーはIWCによる商業捕鯨のモラトリアムの決定に異議の申し立てをしているので，1993年に再開した捕鯨活動は合法的である］．

○上 エコツーリズムが成長を続けるにつれて，以前はその資源を捕獲していた社会が，その資源を保護することに関心をもつようになり，それによって，野生生物の経済的価値が劇的に変化することを可能にしている．ここでは旅行者が1頭のコククジラを観察している．

1960年代から1970年代にかけては，旧ソ連の捕鯨船団が規則を破り，保護クジラ種を捕獲して，国際社会に虚偽の資料を報告した．約30年間にわたって続いた虚偽の記録は最近になって，ロシアの科学者による調査のおかげで，やっと明るみに出た．それらの科学者の中には，若いころ捕鯨操業に従事していた者もいる．その結果，たとえば，セミクジラは1935年以来保護されてきたにもかかわらず，1960年代に旧ソ連の捕鯨船団がオホーツク海で数百頭も不法に捕獲したことが今では知られている．日本の捕鯨船も捕獲資料をごまかしたし，他の国々も同様なことをしたらしい．

捕鯨を続けたいと願う国は，このような問題はもはや過去の物語であると主張する．しかしながら，日本で最近売られている鯨肉のDNA分析の結果，捕獲調査によって生産されるミンククジラの肉に，実際にはコククジラ，ザトウクジラ，イワシクジラ，マッコウクジラなどの保護クジラ種が混ざっていることが示された［訳注：日本では他の漁業で混獲されたり，座礁したりしたクジラ種の市場流通が許可されている．コククジラ，ザトウクジラ，マッコウクジラはその例であるし，イワシクジラは捕獲調査の対象となっており，調査副産物として販売されている］．しかしながら，日本国内の市場の管理は不十分であるので，それらの肉がどこからきたのかを確定することは不可能である［訳注：捕獲調査副産物と混獲鯨肉は政府の委託を受けた日本鯨類研究所によってDNAを使った個体判別がなされ，個体登録されているので，その由来や出所は正確に把握できる］．また，世界中でどのくらいのクジラが密漁されているかも不明である．

適切な管理なしには，豊富なクジラ種を対象にした捕鯨を行っていても，絶滅の危険のある種を危険にさらすようになることは事実である．ノルウェイと日本は，DNAによる市場の監視と完全な国際監視制度による国際規制の提案に反対し，それは国内的に管理できると主張している．捕鯨を管理するための合意された制度が現在ないにもかかわらず，ノルウェイと日本は1994年，1997年，2000年のCITES会議にいくつかのクジラ種の国際取引を許可する提案を出し，それらすべての採択に失敗している．その点で，現在のIWCの中の論議は30年前のことを鏡に写している．もしも商業捕鯨が本当に持続的な基礎に立っていたならば，乱獲を防ぐための費用は当時相当高額なものであったであろう．

持続性を維持するためにずっと大きな可能性をもつ，商業的なクジラの利用の選択肢の一つは，クジラを殺すことよりも，クジラを観ることに関係する．1998年までに，ホエールウォッチングは87か国で活発に行われ，900万人以上が参加し，年間10億米ドル（1兆2000億円）以上の売上金をもたらした．多くの国でホエールウォッチングは相当な金額の外貨の収入源となってきた．北アイスランドの小さな漁村であるフサビクやニュージーランドのカイコウラなどの，多くの辺鄙な地域社会は，それによって富を得ている．ホエールウォッチングの有利性の一つは，少数の人の手に利益が集中する捕鯨産業と違って，お金がその地域社会の中で広く回転することである．

しかしながら，ホエールウォッチングそのものが問題の原因をつくる可能性もある．たとえば，ウォッチングボートがクジラに接近しすぎたり，高速で走ったりすれば，クジラの行動を妨害したり，クジラに衝突したりする可能性があることに，人々の関心が寄せられている．ホエールウォッチング産業の急速な成長は，ウォッチングが持続的で，人道的であり，公平的な態度で行われるべきであるという，人々の意識を高める結果をもたらし，IWCはホエールウォッチングの規則と指針を確立することを援助する枠組みをつくった．その規則は個々の場合ごとに発展させるべきことが認識されている一方で，クジラのためにホエールウォッチングの操業の仕方と操業時間を統制するべきであり，また，ウォッチングボートは危険を最小にするように設計されるべきであり，ウォッチング産業は，たとえば，クジラに接近する距離やボートの隻数を制限するように，全体として管理する必要があるなどの，多くの一般的な原則が示されている．

捕鯨に関する論議がどのように転換しようが，そしてIWCによる商業捕鯨のモラトリアムがゆくゆくは解除されると思われるが，捕鯨の真の持続性，適切な管理の確保，そして取り締まりへの服従に合意する機構などの問題点が，今後も熱い論議の主題として残ると思われる． VP

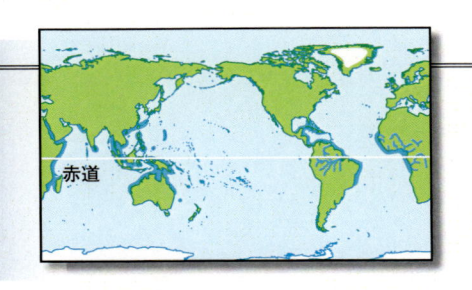

ジュゴンとマナティー
DUGONG & MANATEES

大きく，緩慢でおとなしい
体型と機能

海牛（カイギュウ）類は，常に水中で生活する他の海生哺乳類と同様に流線型の体型をもつが，草食を主とするのは海牛類のみである．この特異な摂食生態こそが，海牛類の形態と生活史の進化を理解する鍵であり，種の数が少ない理由の説明にもなるだろう．

海牛類の祖先は，約6000万年前の暁新世の時代に，草の多い浅瀬の湿地帯にやってきた陸生の草食哺乳類だった．彼らは徐々に水生生活へと移行していったが，現存する動物でこれに最も近いのは，今も陸生哺乳類のまま存在しているゾウである．

最近の学説によれば，比較的温暖だった始新世（5500万～3400万年前）に，現在のジュゴンとマナティーの祖先である海牛類の一種（*Protosiren* 属の種）は，西大西洋とカリブ海の熱帯海域の浅い海で広大に生育していた海草を食べていたとされている．漸新世（3400万～2400万年前）の地球寒冷化の後，海草の生育場が衰退した．マナティーの仲間（マナティー科：Trichechidae）は中新世（2400万～500万年前）に現れた．この地質年代には，南アメリカ沿岸の栄養豊富な河川は淡水植物の生育に適していた．海草とは異なり，淡水に育つ浮遊性の水草には，草食動物から身を守るための研磨質の珪酸が含まれており，食べると歯がすぐに磨耗する．こうした水草の防御に対抗するため，マナティーは磨耗の影響を最小限に抑える特殊な歯を発達させて適応している．マナティーが生まれてから死ぬまでの間，磨耗した歯は前から抜け落ち，後ろの歯と入れ替わる（コラム「海牛類の頭骨と歯」参照）．

海牛類の現生種は，ジュゴン科1種とマナティー科3種の計4種のみである．ジュゴン科（Dugongidae）のもう一つの種だったステラーカイギュウは，乱獲によって1700年代に絶滅した．北太平洋の冷たい海に適応したステラーカイギュウは，海草の生育場が衰退した後に密生するようになったケルプという巨大な海藻をもっぱら餌としていた（コラム「絶滅した巨獣」参照）．

海牛類は，ヒツジやウシのような反芻動物ではないので，ウマやゾウと同様に，反芻をせず，胃はいくつかの部屋に分かれていない．腸は非常に長く（45m以上），大腸と小腸の間に，盲端が2つに分かれた大きな盲腸がある［訳注：盲端先端が2つに分かれているのはマナティーであり，ジュゴンの盲腸ではこの二分岐がない］．この消化管後部において繊維質が細菌によって消化されるので，海牛類の4種は，比較的栄養価の低い餌でも大量に消化でき，そこから必要なエネルギーと栄養を摂取できる．1日に必要な餌の量は体重の8～15%である．

海牛類は，あまりエネルギーを費やさない．マナティーの場合，同じ体重の一般的な哺乳類と比べて，3分の1程度のエネルギーしか使わない．マナティー

海牛類の頭骨と歯

成体のジュゴンは，雌雄いずれも，顎の奥に杭状の臼歯が2～3本しかない．幼齢期には小臼歯もあるが，子供のうちに抜け落ちてしまう．成熟した雄のジュゴンにはほかに2本の「牙」がある．これは切歯で，上顎の咀嚼板と上唇の間に短く突き出ている．この太く短い牙の用途ははっきりしていないが，求愛行動の際に雌の滑る体を保持するのに使うのではないかと考えられている．

マナティーの特徴の一つは，歯の水平移動であり，後ろから前へ臼歯が生え替わり続ける．マナティーは，生まれたときには，小臼歯と臼歯の両方が生えている．子ウシが離乳して植物を食べ始めるように，咀嚼に伴う摩擦が始まると，それに刺激されて歯列全体が前に移動し始める．顎の奥に新しい歯が生えることで，歯列は顎の骨の前方に押し出され，歯根まで摩耗が進むと，歯が抜け落ちる．このような歯の入れ替わりは，マナティー特有のものである．

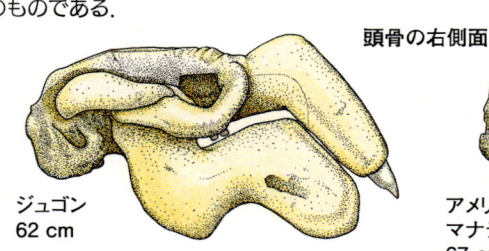

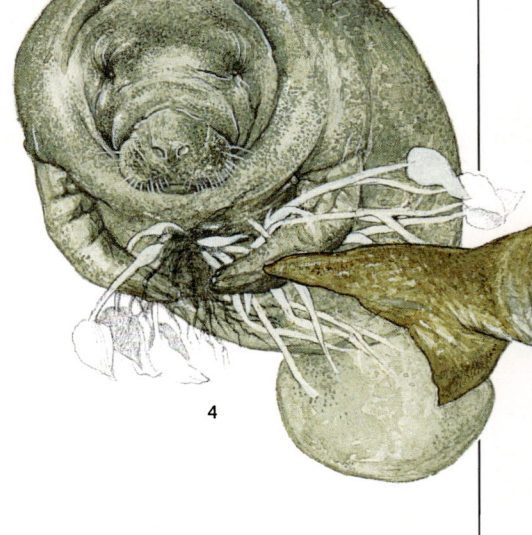

頭骨の右側面

ジュゴン
62 cm

アメリカ
マナティー
67 cm

ジュゴンとマナティー

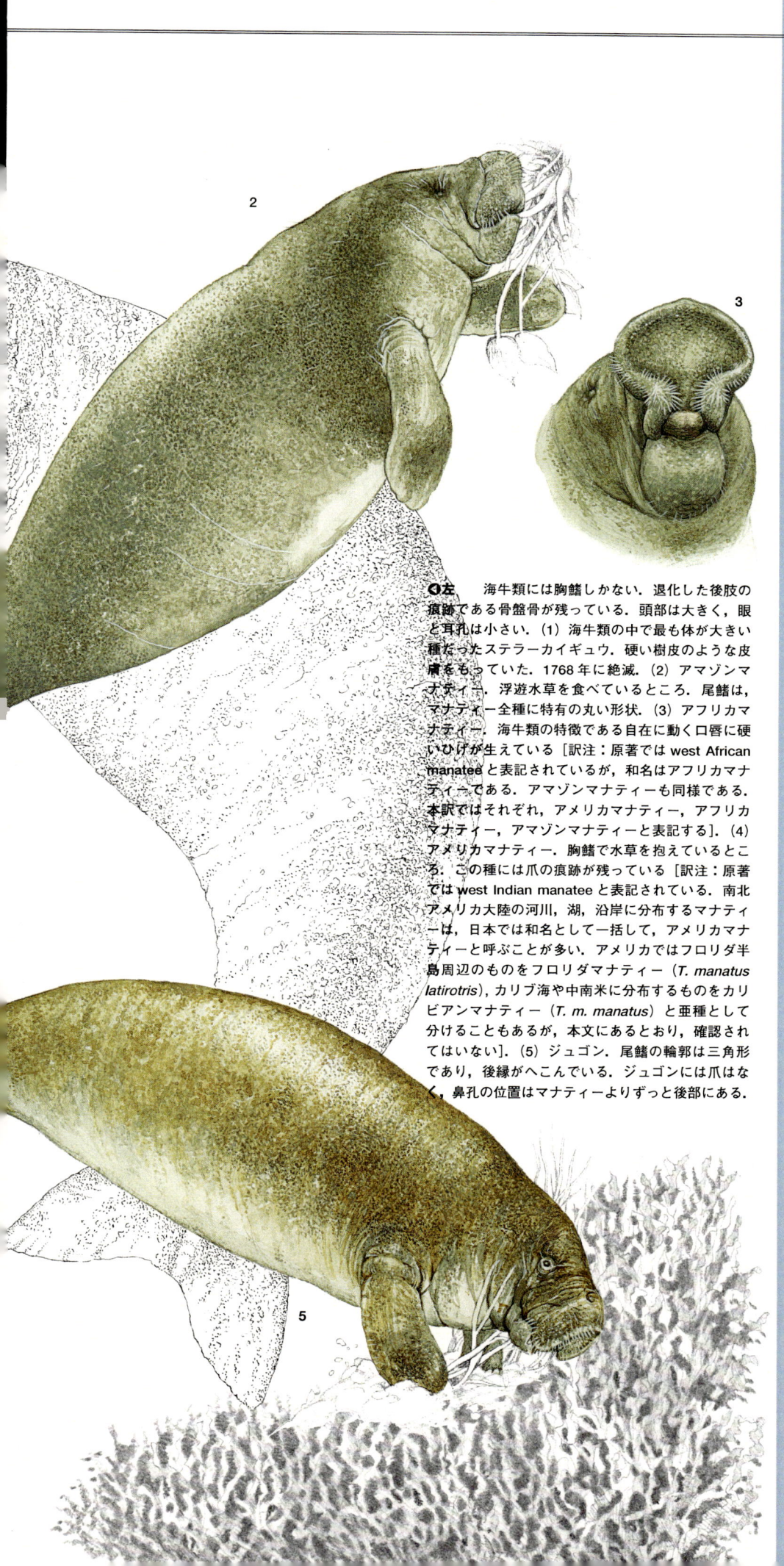

目：海牛目　Sirenia
2科　2属　4種

分布：東アフリカ，アジア，オーストラリア，ニューギニアの熱帯海域，北アメリカ南東部，カリブ海，南アメリカ北部，アマゾン河，西アフリカ沿岸（セネガルからアンゴラにかけて）．

生息環境：沿岸域の浅い海，河口域，河川，淡水湖．

大きさ：（ジュゴン）HTL：2.4～3 m，WT：540 kg．（マナティー）HTL：2.5～4 m，WT：350～1600 kg．

餌：水生植物．海牛類は，沿岸水域で草食生活するように進化した唯一の哺乳類である．ジュゴンは海底の海草や［訳注：海草が急激に減少したときには］海藻を食べる．マナティーは，水面や水中に浮かぶさまざまな水生植物を［訳注：水底の海草も］食べる．フロリダではホテイアオイ，西アフリカではマングローブを大量に食べ，また河岸植物も多く食べるといわれている．植物とともに，甲殻類を食べることもあり，網にかかったサカナを食べたという報告もある．

●アメリカマナティー（ウエストインディアンマナティーまたはカリビアンマナティー）West Indian / Caribbean manatee
Trichechus manatus
北アメリカ南東部（フロリダ），カリブ海，南アメリカ北部の大西洋沿岸から中央ブラジルにかけて生息．沿岸の浅い海域，河口，河川域で生活する．*T. m. manatus*，*T. m. latirostris* という2つの亜種に分類する案があるが，この2つのグループの詳細な比較研究はまだなされておらず，そうした分類の根拠ははっきりしていないようである．HTL：3～4 m，WT：1600 kg．外皮：灰褐色で柔らかい細毛がまばらに生える．退化した爪の痕跡が胸鰭にある．繁殖：妊娠期間は約12か月．寿命：飼育記録では28年．野生状態ではもっと長く，寿命は50～60年と考えられる．保護の状態：Vu．

●アフリカマナティー（ニシアフリカマナティーまたはセネガルマナティー）West African / Senegal manatee
Trichechus senegalensis
西アフリカ（セネガルからアンゴラにかけて）に生息．それ以外の特徴は，わかっている限りにおいては，アメリカマナティーと同じ．保護の状態：Vu．

●アマゾンマナティー（ミナミアメリカマナティー）Amazonian / South American manatee
Trichechus inunguis
アマゾン河流域の氾濫原湖，川，水路に生息．HTL：2.5～3 m，WT：350～450 kg．外皮：灰色．腹側に白く明るいピンクの斑点があるが，ない個体もある．胸鰭に爪はない．繁殖：妊娠期間は不明だが，アメリカマナティーと同程度ではないかと推定される．寿命：30年以上．保護の状態：Vu．

●ジュゴン　dugong，sea cow，sea pig
Dugong dugon
太平洋南西部のニューカレドニアから，西ミクロネシア，フィリピン，台湾，南西諸島，ベトナム，インドネシア，ニューギニア，オーストラリア北海岸にかけての海域，インド洋のオーストラリアから，インドネシア，スリランカ，インドにかけての海域，ペルシャ湾，紅海，アフリカ沿岸南部からモザンビークに至る海域に生息．沿岸の浅い海で生活する．HTL：2.4～3 m，WT：230～540 kg．外皮：茶または灰色．2～3 cmの間隔で，短く硬い感覚毛が生えている．繁殖：妊娠期間は13か月（推定）．寿命：60年前後．保護の状態：Vu．

◐左　海牛類には胸鰭しかない．退化した後肢の痕跡である骨盤骨が残っている．頭部は大きく，眼と耳孔は小さい．(1) 海牛類の中で最も体が大きい種だったステラーカイギュウ．硬い樹皮のような皮膚をもっていた．1768年に絶滅．(2) アマゾンマナティー．浮遊水草を食べているところ．尾鰭は，マナティー全種に特有の丸い形状．(3) アフリカマナティー．海牛類の特徴である自在に動く口唇に硬いひげが生えている［訳注：原著では west African manatee と表記されているが，和名はアフリカマナティーである．アマゾンマナティーも同様である．本訳ではそれぞれ，アメリカマナティー，アフリカマナティー，アマゾンマナティーと表記する］．(4) アメリカマナティー．胸鰭で水草を抱えているところ．この種には爪の痕跡が残っている［訳注：原著では west Indian manatee と表記されている．南北アメリカ大陸の河川，湖，沿岸に分布するマナティーは，日本では和名として一括して，アメリカマナティーと呼ぶことが多い．アメリカではフロリダ半島周辺のものをフロリダマナティー（*T. manatus latirotris*），カリブ海や中南米に分布するものをカリビアンマナティー（*T. m. manatus*）と亜種として分けることもあるが，本文にあるとおり，確認されてはいない］．(5) ジュゴン．尾鰭の輪郭は三角形であり，後縁がへこんでいる．ジュゴンには爪はなく，鼻孔の位置はマナティーよりずっと後部にある．

海牛目

の緩慢な動きが，昔の船乗りたちに海の妖精，人魚を思い起こさせたのだといわれている．逃げる必要のあるときには素早く動くこともできるが，人間もおらず，ほかに天敵もあまりいない環境においては，速く動く必要がほとんどない．熱帯の海に生息する海牛類は，体温調節にあまりエネルギーを要さないため，低い新陳代謝率で済む．相対的に体が大きいこともエネルギーの節約になっている．

マナティーの体型は典型的な海牛類のそれであり，大きな水平のうちわ形の尾鰭がジュゴンとの主たる相違点である．この尾鰭を上下に動かして泳ぐ．他の哺乳類は頸椎骨が7個あるのに対し，マナティーには6個しかない．口のまわりには硬いひげが生えており，発達した上唇の左右の筋肉を動かして，餌となる海草などの水生植物をつかんで口の中に送り込む．

マナティーの眼は水の環境に特に適応したものではないが，耳は，耳孔が小さいにもかかわらず，優れた聴力をもつ．特に高周波の音に敏感であるとみられ，これは低周波の音の伝播が限られている浅い海に適応したものと考えられる．マナティーなどの海生哺乳類の聴力は，海中の周囲雑音と熱雑音の曲線によっても方向づけられた可能性がある．

低周波の音が聞こえないということは，マナティーが船の音を聞き分けられずに衝突してしまう要因でもあるだろう．マナティーは反響定位や水中音波探知機といった，音波による位置探知を行わないので，暗い水中では障害物にぶつかることがある．声帯もない．それでも，甲高い声やキーキーという音を発してコミュニケーションを行う．これらの音をどのようにして出しているかは謎である．

舌には味蕾(みらい)があり，餌植物の選別に使うとみられる．マナティーはまた，こすりつけポイントの目立つ物体に残された匂いの跡の「味」をみることで，他の個体を識別できる．ハクジラ類とは異なり，マナティーには嗅覚に関係する脳組織が残っているが，1日のほとんどを水中で過ごして鼻の弁を閉じているので，嗅覚は使っていないようである．

マナティーは触れることで周囲を探る．それには発達した鼻口部と筋肉質の唇を使う．感覚毛である剛毛の触覚感知能力は，鰭脚類(ひれあし)と比べると劣るが，アジアゾウの鼻の毛の能力には匹敵する．この能力によって餌探しの効率があがり，多岐にわたる餌を食べられるのもこのためである．

ジュゴンとマナティー

粗い角質の咀嚼板で餌を噛み砕いて食べる．ジュゴンが好んで行う摂食様式は，海底から炭水化物の豊富な根茎（地下貯蔵根）を掘り起こして食べる方法で，これはブタの行動に似ているが，「海牛」という名前がつけられたのもあながち的外れではない．西オーストラリアのシャークベイに生息するジュゴンの群れは，夏は餌の豊富な場所で暮らすが，冬になって水温が下がると，そこから移動する．160km以上離れた暖かい海へ移動したジュゴンたちは，冬の間，そこで $Amphibolis\ antarctica$（シオニラの一種）という茎の硬い低木の茂みのような海草の葉の部分を食べて生活する．

どちらの摂食様式でも，ジュゴンが摂食に使うのは，鼻の先にある馬蹄型の上唇の円板である．このよく動く円板で，筋肉を水平に収縮させて波打たせることで海底の砂をどけ，露出した地下茎とそこについている葉を，硬いひげですくい上げる．海底には，ジュゴンが通った跡が，蛇行する幅広のわだちのように残る．ジュゴンは摂食の合間に40～400秒に1回は海面に浮上して呼吸する．深く潜ればそれだけ潜水時間も長くなる．

孤立した生き残り
分布型

4種の海牛類の生息地は，それぞれ地理的に離れている．ジュゴンの分布範

○上　アザラシに似たゴムのようなアマゾンマナティーの外皮．アマゾンマナティーは，マナティー3種の中で最も体が小さい．また淡水環境のみに生息するのはこの種のみである．その他の特徴として，一般に胸鰭に爪はなく，鼻は細長い．

○左　カメラマンをこわがりもせずに近づいてきたアメリカマナティー．海牛類はみな好奇心が旺盛である．珍しいものに近寄ってくるのは，視力が低いせいもある．マナティーの感覚器官としては，触覚や聴覚の方が重要な武器なのである．

○下　太平洋の浅い海で餌の海草を探すジュゴン．ジュゴンの体はマナティーほど大きくない．マナティーと最も異なるところは尾鰭の形で，マナティーの尾鰭は丸いうちわ形だが，ジュゴンの尾鰭はイルカと同じで左右に分かれた三角形になっている．

マナティーは皮下と腸の周囲に脂肪を大量に蓄積でき，これがある程度断熱効果をもたらす．それでも大西洋に生息するマナティーは，一般に20℃以下の海域には行かない．体脂肪は長い絶食に耐えるのにも役立つ．アマゾンマナティーの場合，餌となる水生植物がなくなる乾季の絶食期間は，最大6か月に及ぶ．

ジュゴンは，体長3m，体重540kgにまで成長する．マナティーの3種が滞在期間に差はあっても淡水で生活するのに対し，ジュゴンは一生を海で過ごす唯一の現存する草食哺乳類である．マナティーとは異なり，尾鰭の後端はまっすぐか少しへこんでいる．短く太いゾウの鼻のような部分の下には，突出した上顎の咀嚼板があり，その下に裂け目状の口がある．

ジュゴンは，主に口蓋と口底にある

海牛目

囲は東アフリカからバヌアツまでの40か国にわたり，熱帯または亜熱帯の沿岸や島々周辺，赤道を挟んで南北緯26～27°以内の海域である．ジュゴンの分布は，歴史的にはインド-太平洋熱帯域の海草の分布とほぼ一致する．オーストラリア以外のジュゴン生息地はそれぞれ離れており，生息地と生息地を隔てる広い地域は，ジュゴンが絶滅寸前にあるか絶滅した地域であると考えられる．ジュゴンの生息数の減少と分布域の細分化がどの程度であるのかは不明である．

アフリカマナティーとアメリカマナティーは，彼らの共通の祖先と推定される種が大西洋を渡ってアフリカへ移動して以来，長期にわたって隔絶されていたため別種となった．この2種は，海水と淡水の両方で生息できる．アマゾンマナティーは，5万～180万年前の鮮新世にアンデス山脈の隆起によってアマゾン河の流れが変わり，それまでは太平洋に注いでいた川が大西洋に注ぐようになったとき，隔絶されたとみられる．アマゾンマナティーには海水への耐性がなく，生息域はアマゾン河とその支流に限定されている．

マナティーは大陸縁辺沿いに何千kmも移動する能力があるにもかかわらず，ほとんどの生息域が互いにはっきりと隔離されていることが遺伝学研究で解明されている．この発見は標識調査の結果とも一致する．標識調査では，広い開放水域や生息に不向きな沿岸域が遺伝子の交流や移住の大きな障壁となっていることが示されている．これとは逆に，フロリダとブラジルのマナティーは遺伝学的には予想以上に類似している．これは，高緯度に住みついた時期が新しいか，ボトルネック効果によるものとすれば説明がつく．これらの生息域における成体の生残率は，繁殖率や幼体の生残率といった他の形質の値も十分に高い場合に，その個体群増加を維持するのに十分なほど高いと考えられる．大西洋沿岸域における生残率の低さやばらつきが，懸念材料の一つになっている．

浅瀬での摂食
食性

海牛類には，餌をとり合う競争相手がほとんどいない．陸上の草地なら，たく

❶左　アメリカマナティーの母子．母子の絆は海牛類の世界で最も強い社会的つながりである．雌は1年おきに子供を産み，子供は12～18か月になるまで母親と一緒に過ごして，よい摂食地の選択の仕方や毎年の回遊路を学ぶ．

ジュゴンとマナティー

○上　マナティーの突き出た上唇に生えている感覚毛（ひげ）は餌を食べるときに重要な役割を果たす．これを使うことで浮草の茂みや水底に生える栄養豊富な地下茎を探ることができる．これは陸上におけるブタの摂食習性と似ている．

○左　フロリダ沖で海草を食べるアメリカマナティー．鼻が下向きになっていることからもわかるように，アメリカマナティーは海底で餌を食べることが多いが，これとは対照的にアマゾンマナティーはほとんど水面でのみ餌を食べる．

母子のつながり
社会行動

栄養摂取と体温調節の必要性から海牛類の体は大きく，これは他の大型草食哺乳類や大型海生哺乳類にもみられる特徴である．寿命は長く，飼育記録は30年以上，繁殖率は低い．雌は約1年間の妊娠期間の後，1頭の子供を産む．子供は1～2年の間，母親のそばにとどまり，性成熟には4～8年かかる．そのため，生息数の潜在増加率は低い．食物資源の再生可能性が低く，天敵も少ない環境においては，急速に繁殖する利点はないとも考えられる．

マナティーの繁殖周期はきわめて長い．子供を産むのは多くても2年に1頭の割合で，離乳までに12～18か月かかる．産まれて数週間で水草を食べられるようにはなるが，長い哺乳期の間には，移動ルート，食物，適切な索餌場などを母親から学ぶと思われる．

アマゾンのように乾季と雨季がはっきり分かれる環境では，またおそらくは分布域の北限や南限でも，餌の調達可能期間が，大半の雌のマナティーの交尾可能期を左右し，それによって出産の最盛期も決まる．雄のマナティーの生殖生態はあまり解明されていないが，1頭の雌が6～8頭の雄と一緒に行動し，短期間のうちにその中の複数と交尾を行うことは珍しくない．直接観察と無線追跡調査により，マナティーは基本的には単独で行動するが，10数頭以上のグループでいるときもあることがわかっている．

さんの草食動物がいて食物の分配は複雑になるが，海の草地には大型の草食動物としては海牛類とウミガメしかいない．海の植物群落は，陸の植物群落と比べると多様性がなく，栄養に富んだ種子をもつ種類に不足しているため，陸生の草食動物のような生態的地位の細分化を促進する要因がない．ジュゴンとマナティーが根のある水生植物を食べるときに堆積物を掘り起こすのも不思議ではない．海草の主要部の大半は地下茎にあり，そこに炭水化物が濃縮されているためである．これとは対照的に，冷血動物であるウミガメは，地下茎を傷めずに海草の葉の部分を食べて生きており，海のもっと深いところで餌をとっているようである．したがって，草食動物であるウミガメですらも，海牛類にとって餌の競争相手ではないと考えられる．

水生の草食動物であるマナティーの餌は，水中または水辺の植物に限られている．頭と肩を水面から出して餌を食べることもあるが，通常は，水面に浮かんでいるか水中の水草その他の維管束植物を食べる．藻類も餌となるが，主要な摂食対象ではない．沿岸性のアメリカマナティーとアフリカマナティーは，透明度の高い海の比較的浅瀬に生える海草を食べ，内陸水路に入って淡水植物も食べる．

アマゾンマナティーは水面に浮いている水草を食べる（アマゾン河の濁った水は水中植物の成長に適さない）．アマゾンマナティーの場合，水底で摂食するアメリカマナティーやアフリカマナティーほど鼻の下方へ向く度合いが顕著でないのは，こうした水面での摂食習性によるものと考えられる．アメリカマナティーの餌としては海草と水草44種，藻類10種ほどが記録にあるのに対し，アマゾンマナティーの餌は24種しかない．

マナティーが食べる植物の多くは，草食動物から身を守るメカニズムが発達している．水草では珪酸質の小穂，他の植物ではタンニン，硝酸塩，シュウ酸塩などである．こうした成分は草食動物の消化を妨げ，餌としての価値を下げるのに役立つ．マナティーの消化管内の微生物には，こうした化学成分の解毒機能があるとみられている．

ジュゴンは海草を食べる．海草とは海生の顕花植物であり，陸生の植物に似ており，海藻とは異なる．海草は浅瀬の海底に生え，ジュゴンは通常，深さ2～6mで餌を食べるが，根を掘り起こした特徴的な痕跡は深さ23mの海草地でも確認されている．ジュゴンが最も好む餌は，小さめの種の海草の，炭水化物に富んだ地下茎である．

海牛目

○上　水面に鼻を出して呼吸をするマナティー．マナティーの呼吸間隔は通常1分未満だが，15分以上の潜水時間も記録されている．

　ジュゴンの習性と生態は調査が難しく，まだあまり判明していない．ジュゴンの生息地の水は一般に濁っており，ジュゴンの用心深い性質も接近観察を妨げている．妨害されると素早く逃げて隠れるし，浮上して呼吸するときは頭と鼻の先しか水面に出さない．水中の視界がよいときによく気をつけて近づけば，ジュゴンは100m以上も向こうからダイバーやボートを見つけて近寄ってくる．おそらく，水中での鋭い聴力で気づくのだろう．こうした通常とは異なる行動も好奇心が満たされるまでのことで，満足したら泳ぎ去っていく．このとき，ジグザグに進んで，侵入者の姿を片眼で交互に確認しながら泳ぐ．
　このようなジュゴンの好奇心は，少なくとも成体のジュゴンには天敵があまりいないことを示唆するものだが，シャチやサメに襲われた記録もある．ジュゴンの脳は，クジラやイルカと比べると小さく，構造も複雑ではない．また，対象物に近寄って視覚的に確認する傾向は，ジュゴンが反響定位の機能をもたないこととつじつまが合う．ジュゴンの発声には，チャープ音（チューチュー音），トリル音（震え声，顫音（せん）），ホイッスル音（口笛音）があることがわかっている．これは，危険を知らせるときや母子の間の連絡に使うと考えられる．大きな体，硬い皮膚，高密度の骨組織，素早く凝固して傷口を塞ぐ血液が，成体のジュゴンの主な自衛

○右　フロリダの索餌場で餌を分け合うマナティーの1組．マナティーにはあまり高い社会性はないが，別の個体が一緒にいることに寛容であり，敵意もみせない．互いにすり寄ったり「キス」したりといった遊び行動と思われるしぐさもする．

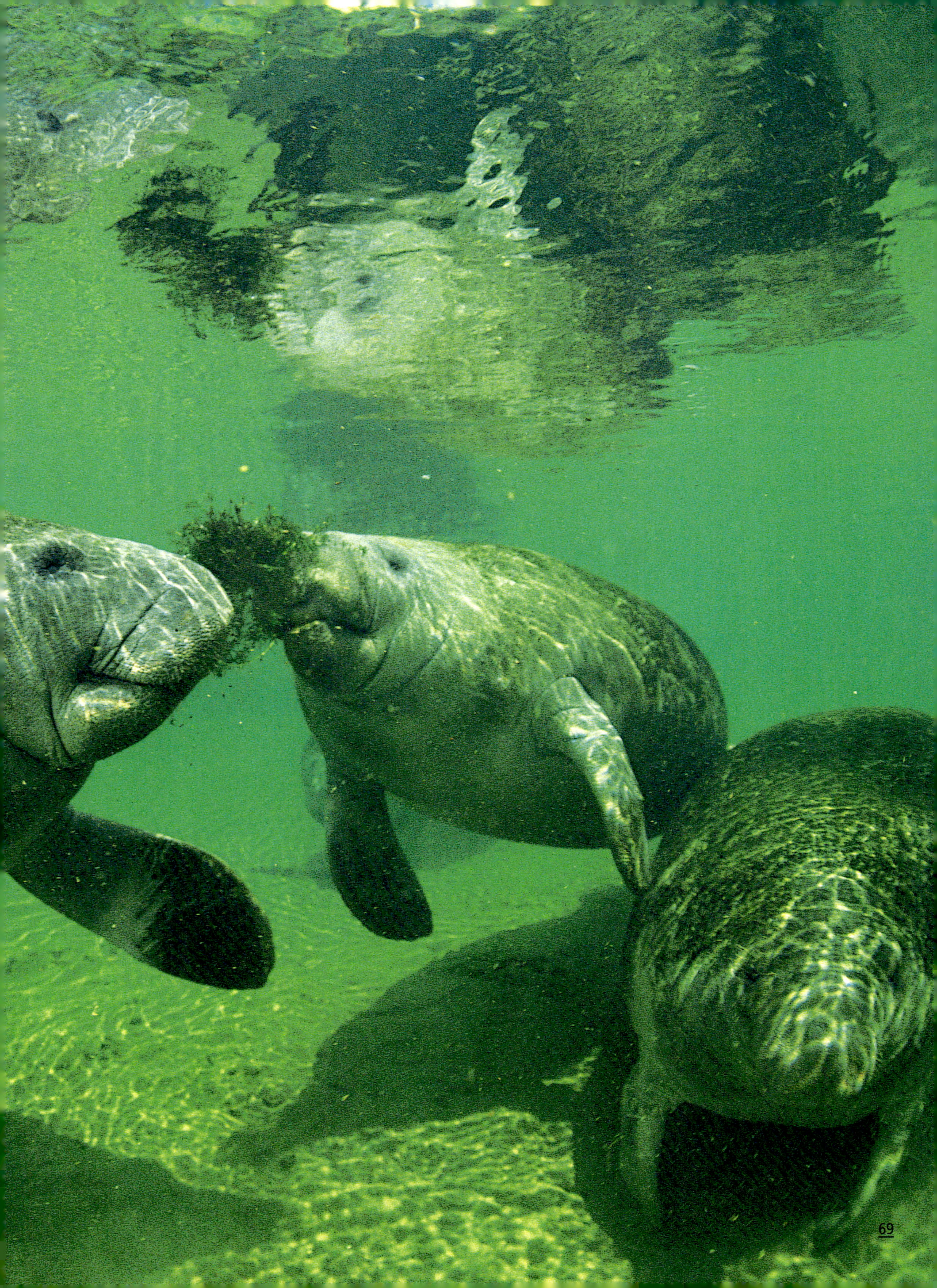

海牛目

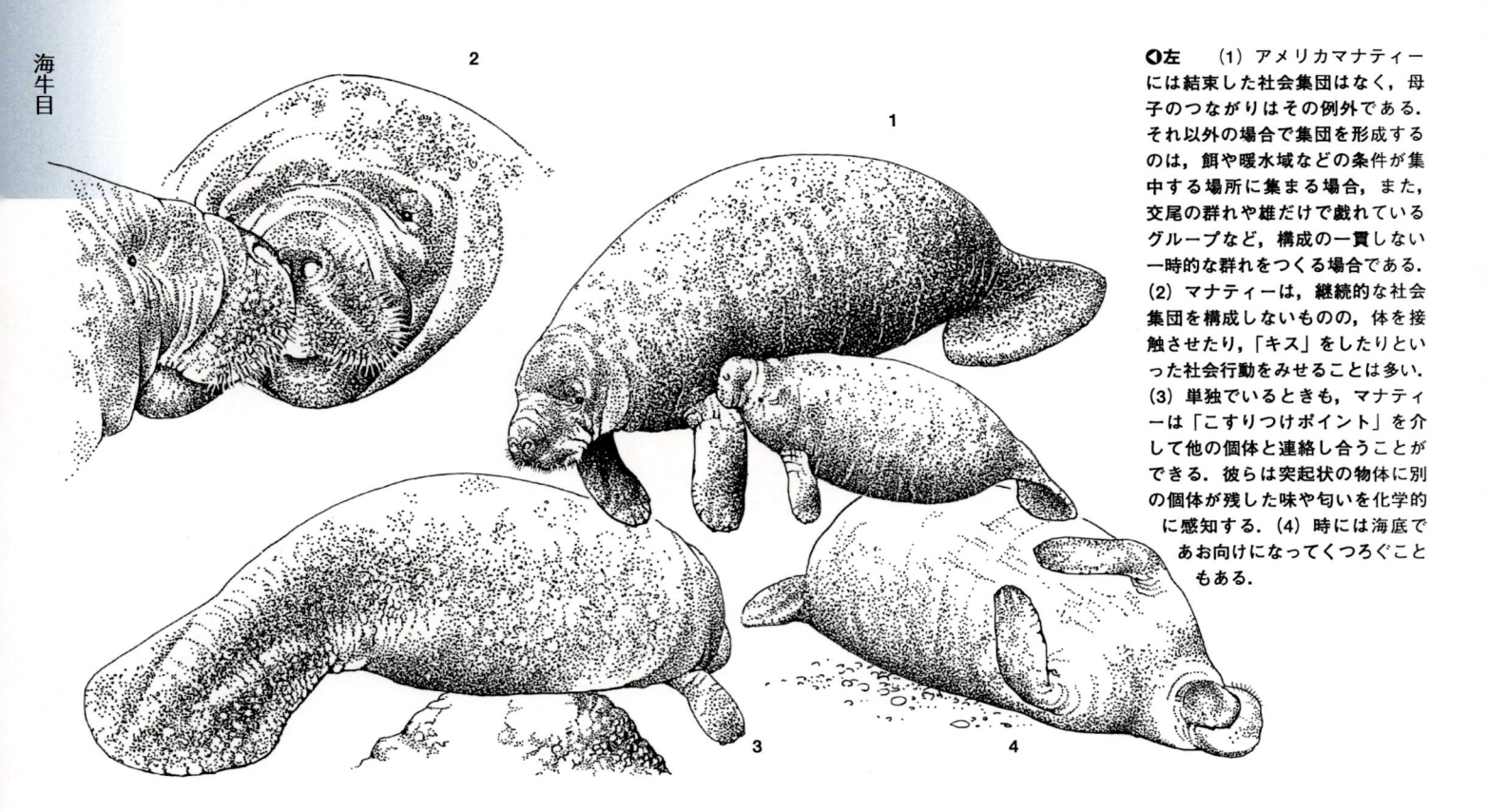

○左 (1) アメリカマナティーには結束した社会集団はなく，母子のつながりはその例外である．それ以外の場合で集団を形成するのは，餌や暖水域などの条件が集中する場所に集まる場合，また，交尾の群れや雄だけで戯れているグループなど，構成の一貫しない一時的な群れをつくる場合がある．(2) マナティーは，継続的な社会集団を構成しないものの，体を接触させたり，「キス」をしたりといった社会行動をみせることは多い．(3) 単独でいるときも，マナティーは「こすりつけポイント」を介して他の個体と連絡し合うことができる．彼らは突起状の物体に別の個体が残した味や匂いを化学的に感知する．(4) 時には海底であお向けになってくつろぐこともある．

手段のようである．

ジュゴンは大きな群れをつくることもあるが，10数頭未満の群れでいることの方が多く，多くの個体は単独でいる．野生環境では人が雌雄を識別することは困難だが，群れには一般に子連れの雌が1頭以上含まれているようである．一部の生息域では，60～100頭の個体が集まって豊富な海草の集団を食べる．彼らが協力し合って海草を食べることで海底を「開墾」するのである．

無線標識を用いた追跡調査によれば，ジュゴンは概して定住性であり，10数km^{2}以内で生活する．その一方で，理由は不明だが，何百kmも遠くまで移動することもある．

熱帯環境では長い交尾期が可能になるので，ジュゴンの交尾期は4～5か月以上に及ぶ．少なくともある地域では，雄は決まった「求愛場所」に集まり，巡回しながら鳴音を発する．縄張りをもつ雄がとる「起き上がり」姿勢は，求愛の表示であるとみられている．海生哺乳類の中では，ジュゴンのみがこうした典型的な求愛行動をみせる．雌は10～17歳で性的に成熟し，約13か月間の妊娠期間を経て1頭の子供を産む．観察された出産例は少ないが，そのときは水辺の浅瀬を探し求めるようである．子供は最長2年間母親と一緒に過ごす．乳房は胸鰭の付け根に1つずつついており，子供は母親の横に並んで乳を飲む．危険

絶滅した巨獣

ジュゴンに近い種で有史時代まで生き残っていたのは，ステラーカイギュウ (Steller's sea cow, *Hydrodamalis gigas*) のみである．巨大な体をもつステラーカイギュウは海牛類の中で最も大きく，体長は最大7.5m，体重は4.5～5.9tあった．ステラーカイギュウには指骨がないという，哺乳類では特異な特徴がある．生物学者ステラーが「馬蹄状」と表現した胸鰭の端は太くて短く，剛毛が密集していたという．潜水はできなかったらしく，ケルプ（コンブ類）を食べるときはこの胸鰭を海底の岩につけて体を支えていた．10万年前には，ステラーカイギュウはカリフォルニア半島からアリューシャン列島を経て日本に至るまでの北太平洋岸沿いに生息していたことが，化石によって示されている．

ステラーカイギュウは，岸辺で餌を食べるという習性から，小さな船に乗った猟師に狙われやすかった．地元の住民による捕獲が行われていたことはほぼ確実であり，西洋人が発見する以前にも生息数はすでに1000～2000頭に減っていたと思われる．1741年にロシアの遭難船の乗員が初めてステラーカイギュウを発見したときの生息地は，太平洋の亜北極海域にある長経50～100kmほどの2つの島だけになっていた．遭難船の乗員たちは生き延びる必要性からステラーカイギュウを殺して食料にし，それ以降，毛皮猟師たちはステラーカイギュウという食料の豊富なこれらの島で冬を越すようになった．また，ウニを食べるラッコの乱獲でウニが激増し，そのウニの大群がステラーカイギュウの主な餌であるケルプを食べ，ケルプが枯渇した．1768年までにステラーカイギュウは絶滅した．

その後，ジュゴンもいくつかの隔離された生息地で同じ運命を辿ったとみられている．2～3のジュゴン生息地ではステラーカイギュウの発見時と同程度の個体数が維持されてはいるが，同じ仲間の巨獣の絶滅物語が今日への教訓であることは明白である． PKA

○下 18世紀に描かれたステラーカイギュウの説明図．

があると子供は母親の背後に避難する．雌は授乳期間中も妊娠可能だが，平均的な出産間隔は3〜7年である．雌は60歳以上まで生きる．

屠殺される子ヒツジのような存在
保護と環境

おとなしく，肉が美味で，繁殖力が低い性質は，現代を生きる動物にとって不幸である．ジュゴンとマナティーはこの3つの性質のすべてを備えており，海生哺乳類の中で絶滅の危険性が最も高いグループである．

マナティー3種はいずれも，国際自然保護連合（IUCN）によって，肉と皮を求める歴史上の，そして現在も行われている乱獲が原因の危急種とされている．近年では公害や高速レジャーボートなどの脅威にもさらされている．ある研究によると，成体の死亡率および繁殖率が10％増加すると，1000年規模ではフロリダに生息するマナティーが絶滅し，成体の死亡率が10％減少すると，生息数は少しずつ増加するという．マナティーは，ワシントン条約（CITES：絶滅のおそれのある野生動植物の種の国際取引に関する条約）によって保護されており，また生息地のあるほとんどの国で法的に保護されている．

コスタリカの住民は，マナティーの生息数の明らかな減少は，不法な捕獲，高レベルの沿岸海水汚染，バナナ用ポリ袋の飲み込み，モーターボートの往来の増加が原因であるとしている．不適切な運営による「エコツーリズム」や環境悪化も要因の一部とされる．ある調査でフロリダのマナティーの死体を調べたところ，死因のほとんどに人間が関与しており，特に捕獲や船との衝突によるものが多いことがわかった．自然の原因でマナティーが死ぬのは，通常，まだ親から離れていない子供の場合である．

アマゾンマナティーは，1542年以来，肉や皮を目当ての商業目的で乱獲され，現在絶滅危惧種と見なされている．1973年からは法的に保護されているにもかかわらず，実際には実質的制約なしに食用の捕獲が続けられた．マナティーはペルーでも捕獲されており，また，漁具によって付随的に捕獲されることもある．

マナティーが死亡するもう一つの重要な要因として，公害の影響とみられる有毒な藻類の蔓延がある．1996年春の数週間にわたり，フロリダの沿岸や西海岸の浜辺で200頭以上のマナティーが死んだり死にかけたりしているのが発見された．同時に，同じ地域で高密度の双鞭毛藻類が観測された．この藻類が発する強い神経毒はマナティーの脳細胞に作用する．またもう一つの要因は，疾病性ウイルスであり，これは致死性感染を招く可能性があって，免疫システムや繁殖に知らぬ間に進行して影響を与えることもありうる．

マナティーの未来のためには積極的な対策が必要である．科学的な調査，保護，治療や野生復帰の実施も必要である．フロリダでは船舶の航行禁止区域がマナティーの保護区になっており，これは効果的な管理手段である．フロリダのマナティーが関連する沿岸がある13の郡で船舶の速度制限と船舶航行制限が有効に実施されたなら，フロリダのマナティーは人間の娯楽追求といつまでも共存できるだろうが，規制がうまく進まなければ，徐々に生息数が減って絶滅への道を進むことになるかもしれない．いずれの地域でも捕獲を規制し，観光やエコツアーの管理をすることも，マナティーの将来を絶滅から守るのに役立つだろう．

近年，マナティーを生きたまま利用する方法が考え出された．マナティーも喜んで従事してくれそうなその仕事とは，灌漑用水路や水力発電所のダムの水草除去である．これならマナティーの温和な草食生活も，この過酷な世界で生き残る術として役立ちそうである．

河川で暮らすマナティーと比べると，海で暮らすジュゴンが人間と直接接触することは少ないが，それでも人間との関係は喜ばしいものとはいえなかった．ジュゴンはほとんどの分布域で歴史的に沿岸の住民によって捕獲されてきた．近年では，人間の人口増加とナイロン製の刺し網や船外機付きのボートの増加によって，オーストラリアとペルシャ湾以外の生息地で多くのジュゴンが死んでいる．

PKA/JMP/GBR/DPD/RB

○上　フロリダ州立ホモサッサ・スプリングス自然公園で，群がるマナティーにビタミン剤を与える自然保護員．フロリダのマナティーがこれから長く生き延びられるかどうかは，各種管理プログラムがうまくいくかどうかにかかっている．

○上　インドネシアのスラウェシ島沖の定置網で捕獲された若いジュゴン．感覚毛が生えている鼻先を使って網を探っている．何世紀にもわたる乱獲によって，ジュゴンはかつての生息地を追われた．

SPECIAL FEATURE

海牛目

海中草地で草を食む
ジュゴンの摂食戦略

●●下・右　海草は，オーストラリア北部を囲んでいる浅海に繁茂している．豊富な食草の存在が，多数のジュゴンを引きつける．海底の砂地を巻き上げて海草を食べている様子は，上空からみると，まるでコンバイン収穫機が畑をゆっくりと動いているかのようである．

　オーストラリア北部で海岸の潮間帯に広がる海中の草地を歩き回ってみると，くねくねした，海草の生えていない畦道のような筋に出会うことがある．これはジュゴンの食み跡（食痕帯）である．ジュゴンは大型の海生哺乳類であり，海草を根から地下茎に至るまですべてを根こそぎにして食べてしまう．ジュゴンは小さく，柔らかくて，「草っぽい」海草を好む．これらの草は硬い繊維分が少なく，栄養価の高い，主としてウミヒルモ属（*Halophila*）やウミジグサ属（*Halodule*）に属する種類である．ジュゴンの摂食生態に関する模擬実験の結果では，ジュゴンの摂食行動によって，海草群落の種類の構成や栄養度の値に変化がもたらされ，繊維分が少なく，窒素分が多くなっていくことが示された．要するにジュゴンは田畑を耕し，作物を栽培する人間の農夫のような存在なのである．もしもジュゴンがある生息域で絶滅すれば，そこの海中草原もやがてジュゴンの住み場所として劣化していくであろう．

　大抵の分布域において，ジュゴンは偶然に観察されたり，事故で溺死したり，漁師たちの秘話的な報告として知られるだけである．しかしながら，オーストラリアにおいては徹底的な航空調査の実施により，非常に綿密なジュゴンの分布状況が判明している．すなわち，ジュゴンは東海岸のクイーンズランド州，モレトン湾から西方へぐるりと回って西海岸の西オーストラリア州のシャーク湾に至る沿岸に分布，生息しているのである．さらにこの調査で，オーストラリア北部の沿岸海域ではジュゴンが最も生息数の多い海生哺乳類であり，約8万5000頭もが分布していることもわかった．それに，この数値も低めな見積もりである．生息域として良好と思われるところで未調査な箇所がいくつもあり，水が濁っていて発見できなかった頭数に関する数学的な修正値も控えめにしてあるからである．言い換えれば，オーストラリアはジュゴンが生き残る最後の拠点なのである．

　60頭以上のジュゴンに人工衛星発信機が装着され，追跡調査が実施された．その結果では彼らの移動はほとんどが海草繁茂域の周辺に限られ，また潮の干満を反映していた．潮間帯が広い地域では，ジュゴンは少なくとも水深が1m以上ある時間帯にしか岸辺の摂食地に向かっていけないのである．潮の干満の差が少ないところ，すなわち海草が常に海面下にあって摂食しやすいところでは，ジュゴンは顕著な地域移動はしないようである．しかし，緯度が高い分布の限界域では，高い水温を求めて季節的に移動をしている．モレトン湾では，越冬中の多数のジュゴンが湾の内側にある摂食地から，水温が平均5℃高い外海への15〜40 kmの往復回遊をする．西海岸のシャーク湾でも，ジュゴンは低水温の東側から水温が高い西側へ湾内を往復している．時として，ジュゴンは長距離移動もする．たとえば，グレートバリアリーフ海域やカーペンタリア湾では，何頭かのジュゴンが2〜3日の間に100〜600 kmの距離を回遊した例が記録されている．この移動も大抵は往復回遊である．こうした長旅をどうしてするのかについての回答の一例として，ジュゴンは自分の生息域内の海草の生え具合を調べているのではないかといわれている．海草の草地は出現したかと思うと，あっという間に消失したりし，その原因は明らかではない．時として，数百 kmにわたって生えている海草が嵐や洪水で突如消失することもある．

　ジュゴンは長命であり，繁殖率は低く，1世代が長く，子供を育てるのに大変に手間がかかる．牙［訳注：上顎の第2切歯が伸長したもの］の年齢査定の結果では，最年長の個体は，死亡時73歳の雌であった．雌は10〜17歳で出産を開始し，正常な出産間隔は3〜7年の個体差がある．妊娠期間は約13か月であり，一産一子，新生児は少なくとも18か月もの期間，母乳を飲む．産まれてから間もなく，海草も食べ始める．そしてこの母乳を飲みながら海草も食べる時期にどんどん大きく育つ．生息数の模擬実験の結果では，ジュゴンの個体数は年間5％以上の増加は望めそうにない．このことは，現地人による乱獲や漁網による溺死によって，ジュゴンが絶滅の危機に陥りやすいことを示している．したがって，ジュゴンは地球全体での危急種に分類されている． HM

ジュゴンとマナティー

用語解説

亜科 subfamily　科の中の再分割した部分の分類学的地位.

亜種 subspecies　種の中の再分割した分類学的地位. 典型的には, 1つの種の中で明確な地理的分布の違いを伴う集団.

亜目 suborder　目の中の再分割した部分の分類学的地位.

移住 emigration　普通は性成熟の前後に, 動物が群れ, あるいは出生地を離れる行動.

一夫一婦制 monogamy　繁殖期に雄と雌が互いに単一の個体としか交尾しない繁殖の形態.

一夫多妻制 polygyny　繁殖期に1頭の雄が数頭の雌と交尾する繁殖体制（1頭の雌が数頭の雄と交尾する一妻多夫制と反対に）.

受け入れる receptive　雌の哺乳類の交尾の準備ができた, あるいは発情の状態であること.

オキアミ類 krills　極海, 特に南極海に大量に生息するオキアミ属（*Euphausia*）や, 北大西洋, 地中海特産の*Meganyctiphanes*属などのような, 小エビに似た甲殻類であり, ヒゲクジラ類の主要な餌となる.

尾鰭 fluke　クジラの尾の先端部の鰭状の突出部. 英語では, 幅の広い三角の形から, そのように呼ばれた.

尾鰭叩き lob-tailing　クジラが尾鰭で水面を叩く行動. おそらく他のクジラと交信するためと考えられる.

科 family　目と属の間の分類学的地位（→分類学）.

カイアシ類 copepods　橈脚（ジョウキャク/トウキャク）目（Copepoda）に属する小型の海洋甲殻類.

海牛（カイギュウ）目 Sirenia　マナティーとジュゴンとからなる, 植物食性の海獣の1つの目.

海生 marine　海で生活すること.

階層的順位 hierarchy　2～3の個体が他の個体に対して常に支配的であることを示す, 競合の結果に基づいた, 社会内の分化の存在. 高い地位の個体は, そのようにして生活の側面（たとえば, 索餌や生殖）で低い地位の個体を支配する. 階層的順位は枝分かれをするものがあるかもしれないが, 単純な直線的階層的順位は, しばしば（小屋の中のニワトリの習性に従って）「つつきの順序」と呼ばれることがある.

解剖する flense　動物を解体して, 外部形態とともに内部形態を観察すること. 一般的には, クジラやアザラシの脂皮を剥がすことをいう.

回遊 migration　索餌や繁殖のために, ある場所やある気候から他の場所や他の気候へと, 通常季節的になされる動物の移動.

外洋性 pelagic　外洋の表層で, 底層の上に位置すること.

嗅覚 olfaction, olfactory　匂いの感覚であり, 鼻腔に並ぶ上皮に位置する嗅覚受容器に依存する.

巾着網 purse seine　通常は漁船から綱で網の底部を搾って閉じることができる魚網.

筋肉色素 myoglobin　脊椎動物の筋肉中に存在する, 血色素と関係する蛋白質. 血色素と似て, 呼吸の酸素交換過程に関係する.

クジラジラミ類 cyamids　甲殻網（Crustacea）の端脚目（Amphipoda）に属する1つの科であり, クジラの皮膚に寄生するので, この名がつけられている.

くじらひげ baleen　ヒゲクジラ亜目（Mysticeti）のクジラの上顎から櫛状に生える角質の板であり, 海水からプランクトンや小魚を濾し取るための総毛がくじらひげ板の内側の縁に生えている.

クジラ目 Cetacea　クジラ類とイルカ類で構成される, 哺乳類の1つの目.

血色素 hemoglobin　赤血球内の鉄を含む蛋白質で, 哺乳類の血液と組織との間の酸素の交換に必須の役割を果たす.

甲殻網 Crustacea　節足動物門（Arthropoda）の中で, 5対の脚, 2対の触角, 頭部と胸部の結合, 外骨格のカルシウム沈着といった特徴をもつ, 1つの綱であり, エビ類やカニ類などが属する.

甲殻類 crustaceans　→甲殻網

行動圏 home range　ある動物が, 他の動物から防御する場であるなしにかかわらず, 正常に生活（まれになされる小旅行や回遊を除外するのが一般）している場.

誇示 display　普通は同じ種の他の個体に対して, 特定の情報を伝える, 比較的目を引く行動の型であり, 視覚または音声, あるいはその両方の要素がそれに含まれ, 脅し, 求愛, あるいは挨拶などに際してなされる.

個体群 population　ある生物群衆の中の同一種において, 多少とも分離したグループ.

骨盤 pelvis　高等脊椎動物の後肢を支え, 内臓を納めて保護する腰帯の骨.

痕跡器官 vestigial organ　祖先型においては有用であり, よく発達していたが, 現在ではほとんど, あるいは全く使われない器官.

鎖骨 clavicle　頸部の前肢を支える骨.

自然淘汰 natural selection　最も適応能力のある個体が他の個体よりも環境への適応に成功して, 生き残り, より多くの子孫を産む過程をいう. 適応に成功した特性は遺伝的に相続される結果, その個体群は拡大する.

支配的 dominant　→階層的順位

脂皮 blubber　表皮の下の脂肪層で, 海獣類でよく発達する.

種 species　属と亜種の間の分類学的地位. 一般に, 種とは構造が類似し, 繁殖が可能で, 成長する子を産むことのできる生物の集まり（→分類学）.

従属関係 subordinate　→階層的順位

集団交尾 polygamy　繁殖期に1頭の個体が複数の個体と交尾する繁殖体制.

縮尺 reduced　比較的小さな大きさに（解剖学的に）縮尺すること（たとえば, ある骨を, その祖先または類縁の動物のそれと比較することによって）.

出産期 seasonality of births　1年の中で出産が限定される特別の季節.

食道 esophagus　口と胃とを結ぶ管.

植物食性 herbivore　主として植物または植物の一部を食べる動物.

植物プランクトン phytoplankton　水環境の表層近くに浮く, （動物プランクトンと対比される）微小な植物.

水生 aquatic　主として水中で生活すること.

水中音波探知機 sonar　航行に伴って使われる音. SOund（音響）, NAvigation（航海）, Ranging（方向）の合成語.

水中マイク hydrophone　水面下の位置に設置する, 水漏れを防いであるマイクロフォンで, 水生生物の発する音を検出するのに用いられる.

水路 lead　浮氷の割れ目に開く水路.

生態学 ecology　生物の自然環境に対する関係を論ずる科学. それぞれの種が特有の生態的地位を占めるといえるかもしれない.

生態系 ecosystem　生物および無生物の要素が相互に作用して存在する環境の単位.

生態的地位 niche　ある群衆の中の1つの種の生活様式（たとえば, 餌生物, 競合種, 捕食者, および他の必要なもの）のすべての面での環境との諸関係.

生物群集 biotic community　同じ環境で自然に出現する植物と動物の集合.

脊椎動物 vertebrate　背骨をもつ動物. 脊索動物門の一部.

潜函（せんかん）病 bends　哺乳類が浮上する際に, 血中の圧力の変化によって生ずる病気. 急激に浮上すると, 血液中に溶けていた窒素が気泡となって, 血管に詰まり, ひどい痛みの原因となる.

染色質 chromatin　生物細胞内の遺伝子と蛋白質で構成される染色体の材料.

選択圧 selective pressure　個体の繁殖の成功に影響する要因（その成功は個体の適合, すなわち, 選択圧の下で繁殖が成功するように適応する範囲に依存する）.

層流 laminar flow　流線型の硬い境界の近くに分泌される粘液の流れをいうが, クジラの場合は, 皮膚の表面を流れる水が層状になる.

属 genus　種より上で科より下の分類学的地位（→分類学）.

代謝率 metabolic rate　体内で化学変化が起きる率.

大脳皮質 cerebral cortex　2つの半球からなる脳の主要部を覆う，灰色をした表層．

端脚類 amphipods　節足動物の中の端脚目（Amphipoda）に属する動物種．多くの淡水性および海洋性の小型のエビ類が含まれる．

単独性 solitary　社会性あるいは群集性の生活様式に対して，単独で生活する様式．

跳躍 breaching　動物が水面からはっきりと体をみせて躍り出る行動．

底生 benthic　水環境の底層部で生活すること．

定着氷 fast ice　極域の沿岸に沿って形成される海氷で，海岸，氷壁，洲の上に接しており，一般に形成された位置にとどまって定着し続ける．

適応放散 adaptive radiation　共通の祖先から異なる種が分化する型（起源の異なる種が，同じ選択圧力に反応して形態が類似するようになる，相似進化とは異なる）．

電波標識 radio-tracking　動物の個体を遠隔的に監視するために使われる技術．電波発信機を動物体に装着した後に，方向把握アンテナによって信号を受信して，動物の位置を描くことができる．

洞 sinus　骨または組織の空洞部．

頭足類 cephalopods　軟体動物門（Mollusca）の1つの綱を構成し，イカ，タコなどを含む海洋性無脊椎動物．

動物プランクトン zooplankton　水面近くに生活する，（植物プランクトンと対比される）微小な動物．

特殊化種 specialist　高度に特殊化した戦略を含む生活様式をもつ動物．たとえば，特別な餌を食べる索餌技術をもつ．

ナガスクジラ類 rorquals　ナガスクジラ属（*Balaenoptera*）に属する種．

縄張り territory　個体あるいは集団によって侵入者から守られる区域をいう．もともとこの用語は，境界において独占的であり，明確に防衛される区域に用いられた．より一般的な定義は，行動圏がばらばらで重ならない空間であり，隣同士の間に多少の重なりが許される．つまり，ある個体や集団の行動圏の場所は，他の個体や集団の行動圏の場所に影響を与える．

南極海 Antarctic　南極表層水がより密度が低く，南に向かって流れる亜南極水に潜り込む，南緯50〜55°の間の収束域以南の海域．

乳腺 mammary gland　哺乳類の雌が乳を分泌する腺．

乳分泌 lactation　乳腺からの乳汁の分泌．

妊娠 gestation　胎児が子宮の中で発達する期間．

背部の dorsal　体表面の上部のこと（たとえば，背鰭：dorsal fin）．

ハクジラ類 odontocetes　ハクジラ亜目（Odontoceti）の種類で，歯のあるクジラ．

パックアイス（叢氷） pack ice　氷原が風や波によって壊れて，もとの位置から流されたときに，海面に形成される大きな氷の塊．

発香印 scent mark　皮脂腺からの分泌物，尿，あるいは糞に含まれ，交信の意味をもつ場所を指す．発香印はしばしば規則的に伝統的な場所の，視覚的にもみえやすい場所に置かれる．また，「化学伝言」もこの手段によって残される．

発香腺 scent gland　交信特性をもつ匂い物質を分泌する腺．

発情期 estrus　哺乳類の雌の発情周期の期間をいい，しばしば雄を引きつけて，交尾を受け入れる．発情期は卵子の成熟と排卵（成熟した卵子が卵巣から排出される）時期と一致する．発情期の動物は，しばしば「盛りがつく」ともいわれる．

歯の状態 dentition　特定の種に特徴的な歯の（質，数，種類などの）状態．

ハーレム集団 harem group　単独の雄と，少なくとも2頭の成熟した雌と未成熟個体からなる社会集団．哺乳類の中で最も普通にみられる社会組織の型．

反響定位 echolocation　物体に反射した音波（こだま）の型に対する反応に基づく，しばしばその物体の方向と距離を見出すための，認知過程．

繁殖率 reproductive rate　子の出生率．純繁殖率は雌が一生の間に産む雌の子の平均数で定義できる．

ヒゲクジラ類 mysticetes　摂餌器官として，歯ではなく，くじらひげを有する，ヒゲクジラ亜目（Mysticeti）に属するクジラ類．

皮脂腺 gland　皮膚の特殊な腺状の部位．動物が発香印をつけるのに用いられる．

日和見食性種 opportunist of feeding　広い範囲の餌の種類を，機会があれば何でも食べられる融通の利く食性の種（→普通食性種，特殊化種）．

鰭 fin　水生動物の体から突出する器官で，しばしば体の向きを変えたり，推進したりするのに用いられる．

腹側の ventral　下側または底部の位置のこと．つまり腹部腺は腹部の下側に存在する．

普通食性種 generalist　（特殊化種に対して）高度に特殊化した戦略を含む生活様式をもたない動物．たとえば，異なる索餌技術を必要とするかもしれない変化に富んだ餌を何でも食べている種．

浮氷 floe　浮いている氷の広がり．

不連続分布 discontinuous distribution　1つの種の中で空間的隔たりが明瞭な地理的分布．

吻 rostrum　クジラ類の頭骨の前部の，嘴（くちばし）を形成する突起．

噴気孔 blowhole　クジラ類の鼻道の開口部であり，頭頂に位置し，ここから噴気が出る．

分散 dispersal　性成熟に達するとしばしば，以前の行動圏から離れる動物の移動（移住に対応する）．移住と違って，分散は動物同士，餌の供給，巣の位置などがばらばらに広がっていることである．

分類学 taxonomy　生物を分類する科学．共通の特徴をもち，共通の血統をもつと考えられる生物をまとめるのは非常に便利なことである．かくしてそれぞれの個体は，次第に広がる連続する関係（個体—種—属—科—目—綱—門）の一員となり，それらのおのおのはそれが便利な場合には，（亜種，亜科，亜目のように）さらに分けることができる．種は，交配が成功するという，はっきりした基準に従って動物を結合させる，都合のよい単位である．しかしながら，自然選択が働く単位は個体である．すなわち，それは進化的変化に向かう異なった特性をもつ個体の特異な繁殖の成功によるものである．

捕食者 predator　生きている餌生物を捕食する動物をいう．これに対して，「反捕食行動」とは，被捕食者の回避的行動をいう．

哺乳類 mammals　脊椎動物の一種であり，子を養う乳汁を生産する乳腺をもつ．

巻き網 seine　上部に浮き，底部におもりのついた魚網であり，魚群を巻いて捕らえるのに使われる．

胸鰭 flipper　遊泳に適応した前肢．

群れ pod　普通はクジラ類に適用される数頭の個体の塊をいい，少なくとも一時的に団結した社会構造である．

盲腸 cecum　哺乳類の消化管の中で，小腸と大腸との間にある，出口のない囊．

目（もく） order　綱と科の間の分類学的地位（→分類学）．

湧昇流 upwelling　海流の上向きの流れであり，結果として，栄養塩が表層に上がり，プランクトンの集団を増加させる．

有蹄類 ungulates　シカ，ウシ，ウマなどの，蹄をもつ哺乳類．

幼体 juvenile　もはや幼児の性質は失っているが，まだ完全に成熟していない状態．

腰部 lumbar　腰部の解剖学的用語．たとえば，腰椎（lumbar vertebrae）は脊柱の一部である．

乱交 promiscuity　個体が無差別に他個体と交尾する繁殖制度．

索 引

欧 文

Archaeoceti（ムカシクジラ亜目）
 ································· 7
Balaenidae（セミクジラ科）
 ······················· 3, 7, 55
Balaenoptera（ナガスクジラ科）
 ················· 3, 12, 47, 49
Balaenopteridae（ナガスクジラ科）
 ····················· 3, 7, 47

Cetacea（クジラ目） ················
 2, 3, 7, 17, 29, 31, 35, 47, 55
CITES（絶滅のおそれのある野生動植物の種の国際取引に関する条約，ワシントン条約）
 ·························60, 71

Delphinidae（マイルカ科）
 ············· 3, 7, 9, 16, 17
DNA ················· 11, 34, 52
Dugongidae（ジュゴン科）··· 62

Eschrichtiidae（コククジラ科）
 ······················· 3, 7, 41

ICRW（国際捕鯨取締条約）··· 60
Iniidae（アマゾンカワイルカ科）
 ·························· 3, 29
IUCN（国際自然保護連合）
 ························39, 71
IWC（国際捕鯨委員会）
 ·············· 14, 39, 44, 59, 60

Kogia（コマッコウ属）
 ··················· 3, 34, 35, 39
Kogiidae（コマッコウ科）
 ··················· 3, 7, 34, 35

Lipotidae（ヨウスコウカワイルカ科） ······················ 3, 29

Monodontidae（イッカク科）
 ······················· 3, 7, 31
Mysticeti（ヒゲクジラ亜目）
 ··························· 2, 3, 7

NAMMCO（北大西洋海獣類委員会） ························· 14
Neobalaenidae（コセミクジラ科）
 ··························· 3, 55

Odontoceti（ハクジラ亜目）
 ··························· 2, 3, 7

PCB ····························· 29

Phocoenidae（ネズミイルカ科）
 ····························· 3, 7, 9
Physeteridae（マッコウクジラ科）
 ··················· 3, 7, 9, 34, 35
Platanistidae（インドカワイルカ科） ······················ 3, 7, 9, 29
Pontoporiidae（ラプラタカワイルカ科） ···················· 3, 29

RMP（改訂管理方式） ········ 60
RMS（改訂管理制度） ········ 60

Sirenia（海牛目） ············ 2, 63
SOSUS（音響監視体制） ······ 52

Trichechidae（マナティー科）
 ································· 62

Ziphiidae（アカボウクジラ科）
 ····························· 3, 7, 9

ア 行

アカボウクジラ科（Ziphiidae）
 ····························· 3, 7, 9
アカボウクジラ類 ················ 3
アフリカウスイロイルカ ······ 22
アフリカマナティー ············ 63
アマゾンカワイルカ ············ 29
アマゾンカワイルカ科（Iniidae）
 ·························· 3, 29
アマゾンマナティー ············ 63
アメリカマナティー ············ 63
アラビアマイルカ ··············· 23
アリオン ····················· 13, 16
アリストテレス ············ 12, 13

異歯性 ···························· 28
イソップ ·························· 12
イッカク ·················· 3, 30, 31
 ——の餌 ·················· 31
イッカク科（Monodontidae）
 ····················· 3, 7, 31
一角獣 ···························· 33
遺伝学 ···························· 52
イーデンクジラ ·················· 49
イヌイット··· 13, 14, 33, 44, 59
いぼ ································ 54
イルカ漁 ···················· 21, 33
イルカ類 ···························· 3
 ——の餌 ························ 18
イロワケイルカ ·················· 22
イワシクジラ ···················· 49
陰茎 ································· 3
インダスカワイルカ ············ 29
インドウスイロイルカ ········ 22
インドカワイルカ科（Platanistidae）

 ····························· 3, 7, 9, 29
畝 ······························· 9, 46
ウミガメ ························· 67
海のカナリア ···················· 31

衛星追跡 ························· 52
衛星標識調査 ···················· 32
エコツアー ······················· 71
エコツーリズム ············ 60, 71
遠洋捕鯨 ························· 14

オガワコマッコウ ············· 35
オキゴンドウ ···················· 24
汚染 ························· 15, 50
汚染物質 ···················· 29, 39
尾鰭 ······················ 46, 64, 65
尾鰭叩き ························· 58
音響監視体制（SOSUS） ······ 52
音響警報機 ······················· 21

カ 行

カイアシ類 ······················· 56
海牛目（Sirenia） ··········· 2, 63
海牛類 ···························· 62
 ——の餌 ························ 66
 ——の分布 ···················· 65
海獣類保護法 ···················· 14
海生哺乳類 ······················· 62
海草 ·························· 66, 67
改訂管理制度（RMS） ········ 60
改訂管理方式（RMP） ········ 60
怪網 ································· 4
回遊 ·········· 10, 41, 42, 47, 55, 60
カズハゴンドウ ·················· 24
家族集団 ···················· 11, 38
楽句 ································ 53
カマイルカ ······················· 24
カワイルカ類 ··············· 3, 28
カワゴンドウ ···················· 24
感覚毛 ···························· 64
ガンジスカワイルカ ············ 29

北大西洋海獣類委員会（NAMMCO）
 ······················· 14
牙 ······················ 30, 33, 62
気泡 ································ 50
気泡網 ······························ 9
求愛行動 ························· 70
競合 ································ 53
近代捕鯨船 ······················· 13
巾着網 ···························· 21
クジラジラミ ············ 40, 54, 58
くじらひげ板 ···················· 2, 9
クジラ目（Cetacea） ···············
 2, 3, 7, 17, 29, 31, 35, 47, 55
クリック音（不連続音）
 ····················· 26, 34, 38, 39
クリーメンイルカ ············· 23
クロミンククジラ ············· 49
軍事音響 ························· 39

頸椎骨 ····················· 3, 4, 64
鯨油 ························· 33, 59
ケルプ ···························· 70

口蓋 ································· 8
睾丸 ································ 57
航空調査 ························· 72
航行禁止区域 ···················· 71
工場廃水 ························· 29
交信 ························· 25, 26
高度回遊性 ······················· 60
交尾 ················ 19, 42, 55, 58, 70
コククジラ ·············· 3, 40, 41
コククジラ科（Eschrichtiidae）
 ····················· 3, 7, 41
国際自然保護連合（IUCN）
 ························39, 71
国際捕鯨委員会（IWC）
 ·············· 13, 39, 44, 59, 60
国際捕鯨取締条約（ICRW）··· 60
国連・人間環境会議 ············ 14
コシャチイルカ ·················· 22
コセミクジラ ··············· 3, 55
コセミクジラ科（Neobalaenidae）
 ··························· 3, 55
コーダ（方言） ········ 26, 38, 39
個体群 ···························· 60
個体識別 ························· 53
骨組織 ···························· 68
骨盤骨 ······················· 4, 63
コビトイルカ ···················· 22
コビレゴンドウ ·················· 24
コマッコウ ······················· 35
コマッコウ科（Kogiidae）
 ··················· 3, 7, 34, 35
コマッコウ属（*Kogia*）
 ··················· 2, 34, 35, 39
コマッコウ類 ······················ 3
混獲 ································ 20
混群 ································ 21

サ 行

索餌潜水 ························· 34
索餌場 ··················· 11, 43, 52
刺し網 ··················· 20, 58, 71
ザトウクジラ ···················· 49
 ——の歌 ················· 53, 55
サハリン島 ······················· 41
サラワクイルカ ·················· 23

索　引

サルの唇 …………………………… 6

視覚 ……………………………… 26
耳孔 ……………………………… 64
自然死亡率 ……………………… 13
自然淘汰 ………………………… 52
自然標識 ………………………… 52
疾病性ウイルス ………………… 71
シナウスイロイルカ …………… 22
脂皮 …………………………… 4, 41
社会構造 …………………… 19, 26
社会行動
　　　19, 28, 32, 38, 41, 47, 56, 67
シャチ ……………………… 24, 43
集団座礁 …………………… 20, 38
ジュゴン …………………… 62, 63
　──の分布 ………………… 66
ジュゴン科（Dugongidae）… 62
出産間隔 ………………………… 72
上顎歯 …………………………… 30
商業捕鯨 ……………… 14, 60, 61
　──のモラトリアム（一時中止）
　　　………………………… 60, 61
礁湖 ……………………………… 41
傷痕 ……………………………… 36
食痕帯 …………………………… 72
触覚 ………………………… 26, 65
シロイルカ ………………… 3, 30, 31
　──の餌 ……………………… 31
シロナガスクジラ …………… 2, 49
シワハイルカ …………………… 22
人工衛星発信機 ………………… 72

水中聴音機 ……………………… 26
水平移動 ………………………… 62
スジイルカ ……………………… 23
ステラーカイギュウ … 62, 63, 70
スパイホッピング ……………… 41

生検組織 ………………………… 52
性成熟 ……………………… 19, 48
生息数 …………………………… 72
生存率 …………………………… 66
生態的地位 ……………………… 50
性的二型 ………………………… 36
絶食期間 ………………………… 65
摂食生態 …………………… 62, 72
摂食地 ……………………… 60, 72
摂餌率 …………………………… 11
セッパリイルカ ………………… 22
絶滅のおそれのある野生動植物の
　種の国際取引に関する条約（ワ
　シントン条約，CITES）
　　　………………………… 60, 71
背鰭 ……………………………… 5, 46
セミイルカ ……………………… 24
セミクジラ ………………… 54, 55
セミクジラ科（Balaenidae）
　　　…………………………… 3, 7, 55
セミクジラ類 ……………… 3, 54, 55
潜函病 …………………………… 5
先住民生存捕鯨 ………………… 44
潜水 ……………………………… 38
船舶との衝突 …………………… 50

草食 ……………………………… 62
叢氷（パックアイス）
　　　……………………… 15, 40, 44, 59
双鞭毛藻類 ……………………… 71
咀嚼板 …………………………… 65

タ 行

ダイオウイカ …………………… 34
体温調節 ………………………… 4
タイセイヨウカマイルカ …… 24
タイセイヨウマダライルカ … 22
大陸棚 …………………………… 12
脱皮 ……………………………… 32
ダム ………………………… 29, 71
端脚類 …………………………… 44
ダンダラカマイルカ …………… 24

地下茎 …………………………… 67
地球温暖化 ……………………… 50
チャープ音 ……………………… 68
チュクチ半島 …………………… 44
聴覚 …………………………… 6, 26, 65
聴覚器官 ………………………… 3
跳躍 ……………………… 26, 41, 44, 50, 58
聴力 ……………………………… 68
チリイロワケイルカ …………… 22

ツノシマクジラ ……………… 47, 49
爪 …………………………… 63, 65

低周波 …………………………… 64
テーチス海 ……………………… 7
天敵 ……………………………… 68
電波標識 ………………………… 19

洞 ………………………………… 38
等脚類 …………………………… 44
頭骨 ……………………………… 8
同歯性 …………………………… 8
闘争 ……………………………… 53
床（とこ） ……………………… 34
トリル音 ………………………… 68

ナ 行

ナガスクジラ …………………… 49
ナガスクジラ科(Balaenopteridae)
　　　………………………… 3, 7, 47
ナガスクジラ属（*Balaenoptera*）
　　　……………………… 3, 12, 47, 49
ナガスクジラ類 ………… 3, 46, 47
縄張り …………………………… 11
南極海 …………………………… 13
南極海捕鯨 ……………………… 60

ニタリクジラ …………………… 49
日本 ……………………………… 14
乳汁の脂肪含量 ………………… 47
乳房 ……………………………… 70
妊娠期間 ……………… 11, 57, 67, 72

ネズミイルカ科（Phocoenidae）
　　　…………………………… 3, 7, 9

年齢査定 ………………………… 72
脳 ……………………………… 17, 68
農薬 ……………………………… 29
脳油 ………………………… 34, 39
脳油嚢 ……………………… 8, 34

ハ 行

「白鯨」 ………………………… 34
ハクジラ亜目（Odontoceti）
　　　……………………………… 2, 3, 7
ハクジラ類 ……………………… 3
ハシナガイルカ ………………… 23
ハセイルカ ……………………… 23
パックアイス（叢氷）
　　　……………………… 15, 40, 44, 59
ハナゴンドウ …………………… 24
ハナジロカマイルカ …………… 24
ハラジロカマイルカ …………… 24
パルス音 ………………………… 39
反響定位 ………… 6, 17, 39, 64, 68
繁殖 ……………………………… 67
繁殖周期 ………………………… 57
繁殖場 ……………………… 11, 43, 52
繁殖率 ……………………… 48, 66, 67
バンドウイルカ ………………… 22

ヒゲクジラ亜目（Mysticeti）
　　　……………………………… 2, 3, 7
ヒゲクジラ類 …………………… 3
鼻道 ……………………………… 4, 38
標識調査 ………………………… 66
ヒレナガゴンドウ ……………… 24

総毛（ふさげ） ………………… 10
フジツボ ………………………… 40
不連続音（クリック音）
　　　………………………… 26, 34, 38, 39
噴気 ……………………………… 6
噴気孔 …………………………… 4, 46

ヘロドトス ……………………… 12

ホイッスル音（連続音）… 26, 68
方言（コーダ） ……… 26, 38, 39
ホエールウォッチング ……… 61
捕鯨産業 …………………… 58, 60
捕鯨の全面禁止 ………………… 14
捕鯨問題 ………………………… 60
北極海 …………………………… 42
ホッキョククジラ ……………… 55
哺乳期間 ………………………… 11
ポリ袋 ……………………… 39, 50, 71
ボンネット ……………………… 54

マ 行

マイルカ ………………………… 23
マイルカ科（Delphinidae）
　　　……………………… 3, 7, 9, 16, 17
マダライルカ …………………… 23
マッコウクジラ ……… 3, 34, 35
マッコウクジラ科（Physeteridae）
　　　……………………… 3, 7, 9, 34, 35
マナティー ……………………… 62
マナティー科（Trichechidae）
　　　…………………………… 62
満限状態 ………………………… 44
味覚 ……………………………… 26
水草除去 ………………………… 71
ミトコンドリア DNA …… 34, 52
ミナミカマイルカ ……………… 23
ミナミセミイルカ ……………… 24
ミナミセミクジラ ……………… 55
ミナミバンドウイルカ ………… 22
味蕾（みらい） ………………… 64
ミンククジラ …………………… 49

ムカシクジラ亜目（Archaeoceti）
　　　……………………………… 7
無線標識追跡調査 ……………… 70
胸鰭 ……………………………… 5, 46

メソニックス …………………… 7
メロン ……………………… 3, 16

盲腸 ……………………………… 62
目視調査 ………………………… 52

ヤ 行

野生復帰 ………………………… 71
ユメゴンドウ …………………… 24
ヨウスコウカワイルカ ……… 29
ヨウスコウカワイルカ科
　（Lipotidae） ……………… 3, 29

ラ 行

ラプラタカワイルカ …………… 29
ラプラタカワイルカ科
　（Pontoporiidae） ………… 3, 29
乱獲 ……………………………… 48
乱交 ……………………………… 19

離乳 ……………………………… 47
稜線 ……………………………… 49
リンネ …………………………… 2

連続音（ホイッスル音）… 26, 68

ワ 行

ワシントン条約（絶滅のおそれの
　ある野生動植物の種の国際取引
　に関する条約，CITES）
　　　………………………… 60, 71

監訳者略歴

大　隅　清　治
（おお　すみ　せい　じ）

1930 年　群馬県に生まれる
1958 年　東京大学大学院生物学系研究科博士課程修了
現　　在　（財）日本鯨類研究所顧問
　　　　　農学博士

シリーズ〈海の動物百科〉1

哺　乳　類　　　　　　　　　　　　　　　定価はカバーに表示

2006 年 11 月 15 日　初版第 1 刷
2013 年　6 月 30 日　　　　第 3 刷

　　　　　　　　　　　　監訳者　大　隅　清　治
　　　　　　　　　　　　発行者　朝　倉　邦　造
　　　　　　　　　　　　発行所　株式会社　朝　倉　書　店
　　　　　　　　　　　　　　　　東京都新宿区新小川町 6-29
　　　　　　　　　　　　　　　　郵便番号　162-8707
　　　　　　　　　　　　　　　　電　話　03（3260）0141
　　　　　　　　　　　　　　　　FAX　03（3260）0180
〈検印省略〉　　　　　　　　　　　http://www.asakura.co.jp

ⓒ 2006〈無断複写・転載を禁ず〉　　　　　印刷・製本　真興社

ISBN 978-4-254-17695-7　C 3345　　　　Printed in Japan

JCOPY　〈(社)出版者著作権管理機構　委託出版物〉
本書の無断複写は著作権法上での例外を除き禁じられています．複写される場合は，
そのつど事前に，(社)出版者著作権管理機構（電話 03-3513-6969，FAX 03-3513-
6979，e-mail: info@jcopy.or.jp）の許諾を得てください．

図説 科学の百科事典 （全7巻・本体各6,500円）

◆科学の世界を身近に感じるビジュアル事典・刊行開始◆

1巻	動物と植物	太田次郎［監訳］	ISBN 978-4-254-10621-3
2巻	環境と生態	太田次郎［監訳］	ISBN 978-4-254-10622-0
3巻	進化と遺伝	太田次郎［監訳］	ISBN 978-4-254-10623-7
4巻	化学の世界	山崎 昶［監訳］	ISBN 978-4-254-10624-4
5巻	物質とエネルギー	有馬朗人［監訳］	ISBN 978-4-254-10625-1
6巻	星と原子	桜井邦朋［監訳］	ISBN 978-4-254-10626-8
7巻	地球と惑星探査	佐々木晶［監訳］	ISBN 978-4-254-10627-5

図説 人類の歴史 （全10巻・本体8,800～9,200円）

◆考古学・人類学の最新の成果がつむぐ壮大な人類史◆

大貫良夫［監訳］

1・2巻	人類のあけぼの（上・下）	ISBN 978-4-254-53541-9(1巻)/-53542-6(2巻)
3・4巻	石器時代の人々（上・下）	ISBN 978-4-254-53543-3(3巻)/-53544-0(4巻)
5・6巻	旧世界の文明（上・下）	ISBN 978-4-254-53545-7(5巻)/-53546-4(6巻)
7・8巻	新世界の文明（上・下）	ISBN 978-4-254-53547-1(7巻)/-53548-8(8巻)
9・10巻	先住民の現在（上・下）	ISBN 978-4-254-53549-5(9巻)/-53550-1(10巻)

〈シリーズ〉 海をさぐる （全3巻・本体各3,900円）

◆美しい写真とイラストでさぐる海の世界のすべて◆

1巻	海の構造	木村龍治［監訳］	ISBN 978-4-254-10611-4
2巻	海の生物	太田 秀［監訳］	ISBN 978-4-254-10612-1
3巻	海の利用	宮田元靖［監訳］	ISBN 978-4-254-10613-8

上記価格（税別）は2013年5月現在